Antoni van Leeuwenhoek
(1632-1723)

Le microscope médical
et les spermatozoïdes

Médecine à travers les siècles

Collection dirigée par le Docteur Xavier Riaud

L'objectif de cette collection est de constituer « une histoire grand public » de la médecine ainsi que de ses acteurs plus ou moins connus, de l'Antiquité à nos jours.
Si elle se veut un hommage à ceux qui ont contribué au progrès de l'humanité, elle ne néglige pas pour autant les zones d'ombre ou les dérives de la science médicale.
C'est en ce sens que – conformément à ce que devrait être l'enseignement de l'histoire –, elle ambitionne une « vision globale » et non partielle ou partiale comme cela est trop souvent le cas.

Dernières parutions

Christian WAROLIN, *Molière et le monde médical au XVIIe siècle*, 2013.
Jean-Louis Heim, *La longue marche du genre humain : de la bipédie à la parole*, 2013.
Mathieu BERTRAND, *Horace Wells (1815-1848) et Villiam T.G. Morton (1819-1868). La rencontre improbable de deux précurseurs de l'anesthésie*, 2013.
Xavier RIAUD, *Des dentistes qui ont fait l'Histoire...*, 2013.
Mathilde FRADIN, *Entretiens avec le Docteur Lévy-Leroy, médecin résistant*, 2013.
Xavier RIAUD, *Histoire indépendentaire*, 2013.
Jean-Pierre MARTIN, *Instrumentation chirurgicale et coutellerie en France. Des origines au XIXe siècle*, 2013.
Henri LAMENDIN, *Lazzaro Spallanzani (1729-1799), le père de la biologie médicale expérimentale*, 2013.
Gilles GROS, *Le clou de girofle en médecine bucco-dentaire*, 2013.
Gilbert GUIRAUD, *André Breton médecin malgré lui*, 2012.
Xavier RIAUD, *Napoléon 1er et ses médecins*, 2012.
Henri LAMENDIN, *Thomas W. Evans (1823-1897), le dentiste de Napoléon III*, 2012.
Xavier RIAUD, *Les Dentistes américains dans la guerre de Sécession (1861-1865)*, 2012.
Michel A. GERMAIN, *L'épopée des gants chirurgicaux*, 2012.
Henri LAMENDIN, *Carl von Linné, médecin précurseur de la pharmacie moderne (1707-1778)*, 2012.

Henri Lamendin

Antoni van Leeuwenhoek
(1632-1723)

Le microscope médical et les spermatozoïdes

Préface du Docteur Xavier Riaud

L'Harmattan

5-7, rue de l'Ecole-Polytechnique, 75005 Paris

http://www.harmattan.fr
diffusion.harmattan@wanadoo.fr

ISBN : 978-2-343-01714-3
EAN : 9782343017143

Du même auteur[1] :

Anecdodontes. Lab. Aventis Ed., Paris, 65 p., 2004.
Petites histoires de l'art dentaire d'hier et d'aujourd'hui (Anecdodontes). L'Harmattan Ed., Paris, 200 p., 2006.
Dictons, propos, slogans bucco-dentaires d'hier et d'aujourd'hui. Musée Dentaire de Lyon (Faculté d'Odontologie) Ed., Lyon, 64 p., 2006 (avec collaborateurs).
Praticiens de l'Art Dentaire du XIVème au XXème siècle (Recueil d'anecdodontes), L'Harmattan Ed., Paris, 199 p., 2006.
Soignez votre bouche par les plantes. Remèdes d'hier et d'aujourd'hui. L'Harmattan Ed., Paris, 214 p., 2007.
De l'art dentaire à d'autres arts. Anecdodontes biographiques. L'Harmattan Ed., Paris, 142 p., 2007.
Précurseurs de la phytothérapie bucco-dentaire occidentale. L'Harmattan Ed., Paris, 138 p., 2008.
Historique de l'odonto-stomatologie du sport en France. Principaux acquis techniques et scientifiques. L'Harmattan, Paris, 195 p., 2009.
Investigations et expérimentations en Odontologie. 40 années d'expériences. L'Harmattan Ed., 244 p., 2009.
Linné (naturaliste) et …? selon plusieurs auteurs. Souvenirs Ed., Guillestre, 119 p., 2011.
Carl von Linné. L'Harmattan Ed. 126 p., 2012.
Spallanzani (naturaliste) et … ? selon plusieurs auteurs. Souvenirs Ed., Guillestre, 121 p., 2012.
Evans (dentiste de Napoléon III) et … ? selon plusieurs auteurs. Souvenirs Ed., Guillestre, 170 p., 2012.
Thomas W. Evans (1823-1897), le dentiste de Napoléon III, L'Harmattan Ed., Paris, 166 p., 2012.

[1] En accord avec l'auteur, le nombre de ses ouvrages tenant sur plusieurs pages, nous nous sommes contentés de ne citer que ses livres relatifs à l'histoire de la médecine.

Préface

Hercule Poirot a tenu ce propos à son fidèle Hastings : *« Faites travailler vos petites cellules grises ! Confortablement installé dans mon fauteuil, je vois ce qui échappe aux autres. »* Sherlock Holmes a affirmé, quant à lui, au Dr Watson : *« Vous connaissez ma méthode, elle est basée sur l'observation des riens. »*

Des cellules grises et l'étude des petits riens, ne sont-ce pas en fin de compte les bases fondamentales de ce que tente d'approcher toute étude microscopique ? Le microscope est employé aujourd'hui dans toutes les recherches qui touchent à l'infiniment petit afin de dénouer les mystères de la vie et d'en comprendre les rouages.

Pourtant, ce qui est étonnant, voire incroyable, dans l'histoire d'Antoni van Leeuwenhoek, c'est que finalement son invention n'a pas été exploitée après sa mort par les gens même qu'il voulait convaincre et à qui était destinée son invention. Ses microscopes ont soit été vendus, soit oubliés, et, si des institutions notables comme l'Académie des sciences à Paris ou la Royal Society de Londres ont bien accusé réception de ses lettres, les microscopes que van Leeuwenhoek leur a légués à toutes deux sont tombés en désuétude et ont été oubliés dans un coin, prenant alors la poussière, pour ne ressurgir du passé que des dizaines et des dizaines d'années plus tard. Ce qui semble surréaliste a donc bien eu lieu. Malgré la pertinence de ses observations, même si certains les ont qualifiées de « vulgarisées », il n'en demeure pas moins que le novice, qu'il était, a probablement rencontré le mépris usuel du scientifique averti qui ne veut pas admettre avoir trouvé un maître dans quelqu'un qu'il considère n'avoir pas eu son parcours et qu'il juge profane.

C'est tout l'art d'Henri Lamendin d'avoir su ressusciter notre chercheur dans un ouvrage essentiel et fondamental sur les prémices de la recherche médicale. Profane peut-être, mais indéniablement passé à la postérité puisque, bien avant Linné ou encore Spallanzani, il aborde les *animalcules*, la génération spontanée et autres thèmes si chers à ces deux illustres précurseurs, ce qui en fait lui-même indéniablement un novateur très en avance sur son époque.
Si, au début de ses investigations, il a pu être novice, il a su promouvoir son travail habilement au point de devenir membre des deux institutions précédemment citées, ce qui constitue en soi, une véritable performance, mais, au-delà de cela, par un vrai travail de publicitaire, il a su s'attirer les faveurs des plus grandes têtes couronnées européennes, ce qui dénote, au-delà d'une vraie passion pour l'usage de son instrument de prédilection, une intelligence dans l'art de la communication et de la diplomatie rare, et certaine. Alors que les scientifiques naviguent bien souvent dans leur univers propre, déconnectés du monde environnant, lui a su rester suffisamment lucide et pragmatique pour séduire, et convaincre son monde alentour.
À travers sa création géniale, le microscope, et sa constatation première de l'existence des spermatozoïdes, révolution incroyable pour l'époque où tous les mythes et croyances religieuses affleurent encore bon dans la société sur la procréation au point que certains propos y sont encore vilipendés par l'Eglise s'ils viennent à en contrarier le bon ordonnancement, Henri Lamendin nous emmène dans un périple scientifique qui court tout au long du XVIIe et s'achève au début du XVIIIe siècle, à la rencontre d'un esprit ouvert, inventif et créatif, d'un esprit inlassablement curieux dont la soif de connaissances n'a jamais été étanchée, ni démentie, mais qui, étrangement oublié, bien que la paternité de ses découvertes lui soit tout de même reconnue, nécessite, que dis-je, légitime un ouvrage commémoratif, comme celui-ci, qui rappelle toute l'œuvre considérable aboutie de cet homme au service de l'Humanité.
Linné, Spallanzani et maintenant van Leeuwenhoek, des esprits curieux, inventifs, ouverts et insatiables dans leurs quêtes respectives de la vérité, de savoir et de découverte, tant pis si je me répète… Tout comme l'auteur du présent ouvrage ! Il n'est

finalement pas surprenant de voir ce dernier s'intéresser de près au devenir, dans la mémoire collective, de pareils scientifiques, de leurs vies et de leurs œuvres. Une trilogie où notre écrivain nage en définitive comme un poisson dans l'eau, puisqu'au-delà de ces hommes, c'est un peu de lui que le lecteur retrouve au fur et à mesure des pages qui se déroulent devant lui.
Ecrit comme les deux premiers ouvrages sur Linné et Spallanzani, en comparant les écrits de nombreux auteurs, Henri Lamendin nous offre un opus enrichissant, prolifique et dense, illustré remarquablement, comme lui seul se plaît à les rédiger.

Qu'il en soit chaleureusement remercié !

Docteur Xavier Riaud
Docteur en chirurgie dentaire
Docteur en épistémologie, histoire des sciences et des techniques
Lauréat et membre associé national de l'Académie nationale de chirurgie dentaire
Membre libre de l'Académie nationale de chirurgie

Avant-propos

C'est en 1948, que je me rendis pour la première fois aux Pays-Bas. Je fus chaleureusement reçu à Hilversum par la famille d'un scout néerlandais que j'avais connu l'année précédente au Jamboree de la Paix, rassemblement mondial des scouts, à Moisson. Jaap, ou Jacques, le fils de la maison, me proposa de me rendre avec lui à son lycée, pour la remise des prix, ce que j'ai accepté. Peu habitué aux intonations de la langue, lorsque le proviseur entama une véhémente harangue, je crus qu'il exprimait un mécontentement, mais Jaap me répondit qu'il les félicitait !

Lorsque j'habitais à Bourges, y séjourna une garnison de soldats néerlandais, assurant un relais avec le camp de La Courtine où ils effectuaient des manœuvres. Je ne me souviens plus si c'est, alors, en tant que vice-président ou président de l'Office municipal des Sports, de la Jeunesse et de la Culture de cette ville, mais je fis connaître au commandant des forces néerlandaises que les différentes associations de la ville leur étaient ouvertes.

C'est ainsi qu'au club de judo, nous avons accueilli deux soldats néerlandais, dont nous sommes devenus amis. Ayant été invité à un repas dans leur cantonnement, je me permis de signaler au chef du contingent, que les " danku " (merci) de ses hommes, compris un peu différemment par les autochtones prêtaient à plaisanterie. Dès le lendemain, ils dirent tous " merchie ". Etait-ce mieux pour autant?

Je suis retourné plusieurs fois aux Pays-Bas. C'est un pays de gens courageux, efficaces et tolérants. J'en garde un très bon souvenir. Et quand, en France, j'ai l'occasion de parler avec quelques Néerlandais - je ne dis pas "Hollandais ", car, on le sait, la Hollande n'est qu'une partie des Pays-Bas -, je ne manque jamais, à la fin, de leur dire "da-ar", que l'on peut

traduire par au revoir, mais aussi une sorte de souhait de bonne journée.
Lors de mon premier séjour aux Pays-Bas, je me souviens avoir alors pensé à tous ceux qui avaient sacrifié leur vie pour notre liberté et particulièrement à un de mes cousins, par alliance, Jean Hernandez, disparu le 16 mai 1940, aux Pays-Bas justement. Ce pays était demeuré neutre durant la guerre 1914-18, et a accueilli Guillaume II après son abdication. En 1940, les Pays-Bas, mais aussi la Belgique, s'étaient déclarés pays neutres et c'est, sans déclaration de guerre, qu'Adolf Hitler en ordonna l'invasion le 10 mai 1940. Alors, Guillaume II était encore vivant et Hitler lui envoya un représentant pour le saluer. Ce qui est un fait assez oublié, c'est que des troupes françaises firent mouvement, en allant au-devant de l'ennemi, pour se porter au secours des Néerlandais et des Belges. Ce point d'histoire est peu connu et je suis certain que nombreux sont ceux qui le découvriront en lisant ces lignes. Aux Pays-Bas, chaque année, le 4 mai, jour de la fête nationale, en particulier à Kapelle où se trouvent 600 tombes de soldats français tués lors des combats de mai 1940, une cérémonie en commémore le souvenir. Les Néerlandais, eux, n'ont pas oublié.
Durant ces opérations de mai 1940, la cinquième colonne fut active et souvent les troupes essuyèrent des tirs d'individus ne portant pas l'uniforme. De plus, il faut dire que des soldats allemands s'étaient déguisés en soldats néerlandais et que des parachutistes avaient été lâchés derrière les lignes. Tout ceci est consigné dans des rapports où mon cousin est cité pour en avoir capturé deux à lui tout seul le matin du 16 mai, jour de sa mort. Jean Hernandez était lieutenant et saint-cyrien. Il commandait une compagnie de mitrailleuses et c'est dans l'île Beveland-du-Sud (Zélande), en rejoignant le PC de son bataillon, le 3ème, du 271ème R. I., afin de rendre compte d'une mission, qu'il fut tué. Il était alors âgé de 29 ans.
Réfugié aux Sables d'Olonne, avec, notamment, son épouse et leurs deux enfants, lorsque l'on vint annoncer la nouvelle, ce fut un moment terrible. Et, je n'oublierai jamais l'image de ma cousine si jeune et si belle - c'était ma cousine préférée -, tout de noir vêtue, tenant ses enfants par la main, immobile, comme pétrifiée, sur le pas de la porte. En écrivant ces lignes, je revois

très exactement cela, gravé dans ma mémoire - j'avais alors 12 ans. J'en souffre encore.
L'infirmière néerlandaise qui avait relevé la dépouille de mon cousin s'étant fait connaître, lors d'un de mes voyages aux Pays-Bas, je lui ai rendu visite. Je me souviens d'une dame très douce, qui, bien que dans un cadre très cossu, me reçut avec une très grande modestie et me parla avec son cœur, dans un français parfait. J'ai oublié son nom, mais possède toujours une faïence de Delft dont elle me fit présent.
Certes, ce Delft demeure le témoin d'un souvenir. Mais, il peut également servir, d'où son évocation, pour l'introduction de ce recueil consacré à Antoni van Leeuwenhoek, personnalité de Delft, surnommé même « Le drapier de Delft ».
Son patronyme Leeuwenhoek tire sans doute son origine du lieu d'habitation de ses ascendants, à l'angle *hoek* d'une rue qui portait le nom de la « Porte des lions », *Leuwen.*
Antoni van Leeuwenhoek fut l'un des précurseurs de la biologie, ainsi que le rappelle Robert Delavault, lequel a été mon maître au Laboratoire de biologie cellulaire et animale de la Faculté des sciences d'Orléans.
L'histoire d'Antoni van Leeuwenhoek a été racontée d'une façon plutôt traditionnelle jusqu'à présent. Mais, comme pour mes précédents recueils sur des personnages qui risquent aujourd'hui, en particulier en France, d'être oubliés, j'ai rédigé celui-ci avec les mêmes soucis de simplicité et d'arrière-pensée pédagogique, cherchant à mettre en évidence certains des principaux thèmes qui ont marqués son existence. Les thèmes sont ainsi énumérés sans aucune idée d'exhaustivité, ni de classification quelconque. Je les ai illustrés par des citations tirées d'auteurs de livres ou d'articles de revues, volontairement très divers et plus, ou moins connus, témoignant chacun de leur « point de vue » sur notre homme pour l'ensemble de sa vie, ou de points particuliers.
Puisque cet ouvrage est fait afin que le lecteur puisse se forger une idée sur Leeuwenhoek à partir de ce qui a été écrit à son sujet, j'ai rapporté ces extraits, bien que parfois longs, mais indispensables pour qu'ils soient connus, ou tout du moins, rappelés.

Pour chaque sujet, des choix ont été faits, afin de demeurer autant que possible dans des brèves qui peuvent être lues dans l'ordre ou le désordre.
Des répétitions ou des chevauchements sont ainsi inévitables entre les auteurs.
En espérant qu'en confrontant les faits, chacun pourra porter son propre jugement sur Leeuwenhoek, avec, bien entendu, le désir de le découvrir encore plus par la lecture d'autres écrits le concernant.

Leeuwenhoek et le « drapier de Delft »

Né à Delft, aux Pays-Bas, van Leeuwenhoek ne bénéficia pas d'un enseignement scientifique particulier. Placé comme apprenti chez un drapier d'Amsterdam après quelques années d'études dans un collège, il s'installa en 1649, comme maître drapier dans sa ville natale.
De 1623 à 1723, vécut à Delft, petite cité hollandaise, le drapier Antoni van Leeuwenhoek (cf. L. C. Palm, préface de *Le drapier de Delft*). Proche de la Haye, capitale des Pays-Bas et située sur la Schie, qui la relie à la mer, Delft possède encore une communauté catholique importante.
Cette ville est l'une des plus anciennes villes du pays et l'une des plus riches en souvenirs historiques. Au XIe siècle, Godefroy le bossu, oncle de Godefroy de Bouillon, entoura la ville de remparts. De cette cité primitive, il ne reste rien. En 1536, un incendie n'y laissa debout que cinq maisons... (cf. Histoire de Villes).
Dans *Le drapier de Delft* (1989), Robert Delavault raconte : Depuis un demi-siècle, en 1669, la cité de Delft s'enorgueillit de son hôtel de ville, joyau de l'architecture Renaissance. Conçu dans le style de l'Europe du nord par Hendrick de Keyser (1565-1621), il s'élève à l'emplacement de constructions médiévales détruites dans l'incendie qui a ravagé le quartier en 1618. Il s'adosse à la Steen qui le domine, tricentenaire, seule rescapée du sinistre, massif donjon carré de pierre aux ouvertures en ogive garnies à mi-hauteur d'auvents doubles, coiffé d'un toit d'ardoises en pyramide, aux faces ornées d'élégantes fausses lucarnes à cadran.
Dans le hall d'entrée, alors que le printemps s'annonce, deux citadins conversent, allant et venant, en accordant leurs pas le long des larges baies ouvertes sur la Grand-place du marché, indifférents aux bavardages des bourgeois et petites gens de la ville et des environs venus nombreux rendre visite à messieurs

les échevins qui tiennent audience aujourd'hui. Autour d'eux des amis se reconnaissent, se frappent sur l'épaule et, joyeux de leurs retrouvailles, conviennent d'aller vider une chope de bière à la taverne voisine. Des femmes, bonnet blanc serré sur la tête, ont accompagné leur époux, ravies de s'être parées pour l'occasion de leurs atours de fête sortis de la haute armoire fleurant la lavande et le thym. Elles ont quitté les sabots pour de fins souliers pointus que couvre à peine une ample jupe ourlée de velours et ornée par-devant d'un tablier bordé de dentelle. Un fichu riche en couleurs jeté sur leurs épaules accroche le regard des hommes qui lorgnent aussi vers le buste de ces dames ; il se devine, généreux, sous le corsage tenu entrouvert par de menus lacets.
Au-dehors, les lourds demi-volets bas de bois couleur sang de bœuf ont été repoussés contre la façade. L'après-midi s'achève, le soleil vient à peine d'empourprer la tour de la nouvelle Église se dressant en face à l'autre bord de la vaste place pavée, encadrée sur ses deux côtés de maisons aux frontons baroques et pignons à redans, à volutes, pointant au-dessus de leurs étroites façades de briques rouges jointées de ciment blanc, où s'irisent sur les petits carreaux sertis de plomb des fenêtres, les reflets de la lumière déclinante.
Soudain, jaillissant du clocher, les notes claires et joyeuses du carillon s'envolent alentour. Le tintement en cascade des cloches se mêle au bruissement soyeux d'un essort de pigeons effrayés tournoyant au-dessus de la Grand-place où s'estompe la rumeur des passants. À cet instant, l'un des hommes s'immobilise, saisit son compagnon par le bras. En souriant, il lui désigne l'édifice : *« Mon cher Antoni, je crois savoir que ce monument vous a causé quelques soucis !*
- Vous avez deviné juste messire Gravesande, répond l'interpellé, je serais fieffé menteur si j'avais la vanité de soutenir le contraire. Je souhaitais devenir géomètre et, lors des épreuves que j'ai subies en février dernier, exactement le 4 février 1669, devant les experts de notre municipalité, j'eus à mesurer la hauteur de cette tour dressée en majesté au front du sanctuaire où repose notre vénéré Willem - ou Guillaume Ier de Nassau (1533-1584), dit « le Taciturne », qui déclencha la lutte contre l'occupant espagnol, en 1572, puis fit proclamer l'indépendance des Provinces-Unies par l'Union d'Utrecht, en 1579, et a été

assassiné à Delft, au Prinzenhof, par un fanatique à la solde de l'Espagne.
Assurément, je craignais fort de commettre quelque erreur impardonnable. Dieu merci, je me tirai sans dommage de cet exercice. Certes, j'avais dû m'initier au maniement du quadrant mais, dans cet apprentissage, sans la bonne fortune qui m'avait fait connaître Jacob Spoors - Jacob Spoors était notaire, géomètre et avoué à Delft -, *je crains que mes efforts eussent été vains.*
Je lui suis redevable de son aide et son expérience me fut précieuse... Et puis, messire, vous pourrez juger des qualités de cet homme quand vous apprendrez que, depuis de nombreuses années, il me conseillait sur le choix de mes lectures sur l'art de la navigation, l'astronomie, les sources de la philosophie... Sans lui, mes connaissances en mathématiques seraient encore bien rudimentaires.
- Diable ! Antoni, vous voici devenu bien savant. Je n'imaginais guère qu'un jour, le drapier que j'ai connu voici bientôt quinze ans se pencherait lui aussi sur les lois de la nature et nourrirait l'envie de travailler à les déchiffrer.
- Veuillez excuser mon audace, messire Gravesande. A votre soudaine surprise, je crois deviner que s'ajoute un amical compliment.
- Certes, Antoni, je ne vois aucune raison de vous le dissimuler.
- J'en tire fierté, messire, nul autre que vous, l'éminent maître d'anatomie de notre cité, ne saurait m'honorer davantage de son jugement.
- Merci, Antoni. Quand nous étions voisins, je n'espérais guère un tel avenir. Vous souvenez-vous de nos bavardages au crépuscule des jours d'été, sur la pelouse de nos jardinets dans le doux effluve des roses, ou, chez l'un, chez l'autre, l'hiver autour d'une tasse de thé bien au chaud alors que la neige recouvrait les canaux gelés ?
- Oui, messire, je me souviens... Nous avions parfois la compagnie de votre confrère Adriaen Swalmius et de sa sœur Cornelia qui vivait avec lui, tenant sa maison.
- Hélas, Antoni ! Adriaen a quitté notre monde voici deux ans. Une affection de poitrine l'a emporté brutalement aux premiers jours du mois de mai. Je n'ai rien pu faire pour enrayer son mal. Cornelia avait quitté Delft à la mort de son frère, mais elle

est revenue ces temps-ci dans nos murs et je la vois de temps en temps à l'amphithéâtre d'anatomie. Du vivant d'Adriaen, elle suivait ses études, recevait sa clientèle, l'aidait aussi dans les soins qu'il prodiguait à ses malades. Elle l'accompagnait parfois à l'amphithéâtre et vient maintenant y retrouver son souvenir du temps où il m'aidait dans mes démonstrations. Eh oui, Antoni ! Les années passent. Cela fait huit ans déjà qu'après ma nomination, en succédant au regretté Pieter van der Maast, j'ai quitté cette maison voisine de la vôtre pour habiter dans le Volders Gracht. Au début, j'avais la nostalgie de ce logement à l'angle de la Nieuwstraat et de l'Hippolytusbuurt où je m'étais installé en arrivant à Delft. Le quartier est charmant avec son petit pont cintré jeté au-dessus du canal. La vue est superbe sur la tour de notre nouvelle Église pointant haut - je ne vous l'apprendrai pas mon cher -, dans une harmonie de grâce et de fierté. Je craignais surtout de perdre votre amitié.

Dieu merci, le Volders Gracht n'est pas loin de l'Hippolytusbuurt et vos visites fidèles, toujours trop brèves à mon gré, n'ont pas tardé à me convaincre du contraire. Et puis, tout anatomiste que je suis, je ne saurais me dispenser des services de votre commerce. Mon cher, vous vendez le meilleur drap sur la place de Delft, la réputation de votre magasin a depuis longtemps fait le tour de la ville. J'ai toujours plaisir d'y retrouver mon vieil ami.

- Certes, messire, je n'ai pas à me plaindre encore que je reviendrai sur les soucis de mes affaires, mais ma chère épouse Barbara - Barbara de Meij, fille du drapier Elias de Meij, mariée en 1654, née le 13 décembre 1629 et décédée le 14 juillet 1666 - *n'est plus à son comptoir pour accueillir la clientèle en quête de quoi coudre, ravauder, entretenir la lingerie familiale, et vêtir la maisonnée.*

- Je sais, murmure Gravesande. Voici trois ans que je venais à son chevet et je n'ai pu que suivre l'évolution fatale de sa maladie, une de ces vilaines fièvres contre lesquelles, hélas, nos ressources sont vaines. Vous veniez à peine de perdre votre petit Philips, alors dans sa deuxième année, quand elle mourut à son tour. Je crains que son chagrin n'ait hâté sa fin.

- Ce fut dur, messire Gravesande. Douze années de bonheur ne s'oublient pas. Vous m'avez alors entouré de votre sollicitude

comme vous le fîtes toujours dès votre arrivée à Delft. Vous étiez auprès de Barbara quand elle mit ses enfants au monde...
- Je me souviens, interrompt Gravesande. Ce furent un garçon, Philips, le premier né, vos filles, Maria, Margrieta, et deux autres garçons prénommés aussi tous deux, Philips. On chérissait, dans votre famille, le prénom de votre père.
- Ce n'était guère la coutume, messire, dit Antoni, qu'un médecin préside aux naissances. Cette marque d'amitié vous valut la tenace hostilité de la matrone requise de tradition pour ces offices.
- C'est vrai, Antoni. J'empiétais sur ses privilèges, mais, que voulez-vous, la venue au monde d'un enfant est un événement trop grave pour n'en confier le soin qu'à ces femmes nourries davantage de traditions périmées que de réel savoir et tout juste bonnes, bien souvent, à frictionner, avec de l'aigremoine, les cuisses de la parturiente pour aider, soi-disant, à la délivrance. Elles nous querellent ainsi que les apothicaires et les barbiers chirurgiens. Rivalités entre castes, mon cher, vaines et fort regrettables. Plus tard, beaucoup plus tard devrais-je dire, chacun trouvera sa juste place et la considération qu'elle mérite.
- Hélas ! De tous ces enfants que le créateur m'avait accordés, je n'ai plus que Maria. Les autres ont rejoint ces innocents qui meurent chaque jour dans Delft et partout dans le monde, souvent même alors qu'ils viennent à peine de pousser leurs premiers vagissements. »
Les deux hommes demeurent un moment silencieux.
« Quel âge a Maria aujourd'hui ? », reprend Gravesande.
« - Elle est dans sa treizième année, messire. Ses traits et son corps évoquent déjà les premiers signes de l'adolescence. Je retrouve chez elle, la douce affection de sa mère à qui elle ressemble aussi par la blondeur de ses cheveux et le bleu limpide de ses yeux. Elle est vive, comme Barbara. Je ne cesse de louer le ciel de m'avoir donné cette fille. »
Le soleil ne frappe plus la haute tour de la nouvelle Église. Avec la tombée du jour, l'ombre se glisse dans le vestibule du bâtiment municipal où les deux hommes continuent de converser.
Antoni van Leeuwenhoek, le drapier, approche de la quarantaine. L'homme est robuste, bien planté sur ses jambes.

La démarche assurée, légèrement pesante, il projette à peine le buste vers l'avant, nouant souvent ses mains derrière le dos dans un geste machinal.
Dans le visage rond, les traits assez épais se trouvent adoucis par deux légères rides naissantes longeant le bas des joues ; le nez, large et fort, est un peu busqué ; une fine moustache surmonte la bouche aux lèvres encadrées par deux courtes commissures ; le menton rond est bien dessiné ; sous d'épais sourcils, les grands yeux noirs donnent au regard une étrange fixité.
Son compagnon, Cornelis Gravesande, est son aîné d'un an. Plus grand que lui, sa silhouette est plus élancée. Dans le visage ovale, aux traits fins, le nez est étroit, allongé au-dessus de la bouche aux lèvres légèrement pincées ; le sourire est moqueur sous la courte et fine moustache ; le front haut, le regard vif, souvent interrogateur, dénotent l'intelligence et la cordialité. Les mains retiennent l'attention ; les doigts longs et fins évoquent la dextérité.
Les deux amis voient entrer l'appariteur. L'homme, s'aidant d'une longue perche de bois où brûle une étoupe, allume les chandelles des lustres dont l'éclat se mêle aux dernières lueurs du jour. Nos deux citadins poursuivent leur marche. Sans se concerter ils souhaitent prolonger leur entretien.
« Messire Gravesande, je connais votre discrétion. Elle est digne d'un médecin de grand talent. Vous ne m'avez guère questionné jusqu'à présent sur les motifs qui ont dicté ma conduite tout au long de ces années passées. Or, il est vrai qu'étant drapier me voici aussi nanti du titre de géomètre. En outre, depuis bientôt dix ans - vous l'aviez appris, je crois -, j'occupe un poste d'huissier à la municipalité où j'aurai l'honneur de vous servir depuis que les membres du conseil de notre cité vous ont offert de siéger en leur compagnie. Aujourd'hui, Dieu merci vous êtes curieux de savoir pourquoi diable un drapier ne se contente plus de son commerce. Avec votre permission, vous m'offrez l'occasion de vous en entretenir.
- Ma foi, mon cher Antoni, à dire vrai, vous m'avez souvent intrigué et vous avez raison de penser que je craignais d'être indiscret... Mais, puisque vous consentez à satisfaire ma curiosité, je vous écoute. L'appariteur ne fermera pas les portes

avant une demi-heure. Nous avons assez de temps, je pense. Allons-nous asseoir sur cette banquette.

- *Nous avons évoqué le souvenir de Barbara,* commence Antoni. *Sa mort me laissa anéanti, désespéré. Maria était encore bien petite, trop jeune pour m'apporter un réconfort et remplacer la présence attentive de sa mère. Elle se livrait à ses jeux, insouciante, trouvait la compagnie des enfants de son âge et se réfugiait dans les jupes de notre brave, et fidèle Margriet que vous avez connue et qui s'occupe toujours de mon ménage. Il me fallait réagir et je trouvai alors dans l'étude un remède contre ma solitude et un apaisement à mon chagrin. »*

Antoni, songeur, poursuit : *« Je serais malhonnête si je vous dissimulais que ce besoin d'étude n'a daté que de la disparition de Barbara. Déjà, quelques cinq années auparavant, non point que mon métier de drapier m'ait pesé, j'éprouvais cependant le désir de m'occuper ailleurs que dans mon seul commerce. Je ne saurais dire encore à quels mobiles profonds obéissait ma nature... »*

Antoni s'interrompt, réfléchit, reprend son monologue : *« Et puis, en ces années-là, vers 1660, la prospérité de Delft commençait à décliner ; la concurrence portuaire d'Amsterdam et de Rotterdam devenait redoutable ; de nombreuses entreprises périclitaient, on voyait fondre le commerce des brasseurs. Delft devenait ce qu'elle sera sans doute dans l'avenir, une cité de retraités réputée pour ses faïences. Et je n'ai jamais eu qu'un magasin de vente au détail sans les réserves de fonds qui permettent de couvrir les baisses résultant des fluctuations du marché des étoffes. Bref, il me fallait trouver d'autres ressources s'ajoutant à celles de ma boutique. Barbara, issue d'une famille de brasseurs dont quelques-uns avaient occupé des postes au conseil de la cité, avait conservé des relations à l'hôtel de ville. Elle apprit qu'un sien cousin huissier venait de partir et que nos échevins étaient en quête de lui trouver un remplaçant. Elle me conseilla de solliciter l'emploi et j'eus la bonne fortune d'être agréé. Mes tâches s'avéraient faciles et me laissaient assez de liberté pour me consacrer à des activités personnelles dont je commençais à avoir le goût. Je devais veiller à la propreté des pièces de notre bâtiment municipal, surveiller la consommation de combustible. Les échevins sollicitaient parfois mon aide dans la rédaction de leurs délibérations. C'est à cette époque que vous alliez être nommé maître anatomiste de la ville. Vos nouvelles préoccupations ajoutées au poids de vos consultations et des visites à vos malades, les soucis de votre déménagement ne vous laissaient plus guère le temps de prêter l'oreille à mes préoccupations.*

- *Il est vrai,* interrompt Cornelis, *que j'eus à œuvrer ferme quand j'entrai au théâtre anatomique. Non point qu'il fût vétusté, il ne datait que de douze ans, édifié, vous le savez, dans un ancien couvent dédié à sainte Marie-Madeleine ; mais un peu partout s'érigeaient des locaux clos à usage de démonstrations anatomiques, à l'exemple du premier qu'avait fait construire - à ses frais, mon cher - Fabrizio d'Acquapendente à Padoue. Notre ville se devait de posséder un théâtre qui rivalisât avec leur réputation. Le regretté Pieter van der Maast avait entrepris des travaux, mais ils étaient loin d'être achevés au moment de sa disparition.*

Je fis remplacer la table de dissection en bois par une table de marbre garnie de rigoles pour l'écoulement du sang et des humeurs ; quelques fenêtres de plus me parurent indispensables et de nouveaux gradins furent construits pour accueillir nos auditeurs qui s'y tiendraient plus à l'aise. Aux heures de surveillance des travaux s'ajoutait le temps que je consacrais à me nourrir de l'œuvre du divin Vésale[2]*, qui avait bousculé sans ménagement le dogmatisme des docteurs ressassant depuis des siècles les enseignements de Galien*[3]*, dont le scalpel n'avait jamais fouillé que les carcasses des singes ! »*

Gravesande rit et ajoute : *« L'heure, certes, n'était guère propice aux confidences... Et puis, nous poursuivions chacun notre chemin ...*

- *Vous connaissez désormais la suite,* dit Antoni.

---

[2] André Vésale (1514-1564), fondateur de l'anatomie moderne avec la publication de ses *Tabulae anatomicae sex* (1538) et de son magistral traité *De humani corporis fabrica libri septem* (1543), dont les planches soulèvent encore l'admiration par leur beauté et leur exactitude. Médecin de Charles Quint et de Philippe II d'Espagne.

[3] Claude Galien (129-vers 201), célèbre médecin grec dont les œuvres furent érigées en doctrine irrécusable jusqu'à la Renaissance. Médecin et chirurgien des gladiateurs, il n'aurait cependant jamais pratiqué de dissection sur l'homme.

- *Oui, mon ami, je me réjouis des perspectives qui s'offrent à vos talents ... Mais j'y songe,* poursuit Cornelis, *apaisez encore ma curiosité, n'avez-vous pas effectué un voyage en Angleterre l'an passé ?*
- *Si fait, messire. L'entreprise n'était pas sans risque, que je sache. Louis le quatorzième du nom, qui a de l'ambition, avait envahi les Pays-Bas espagnols. Nous pouvions craindre le pire. Votre éloignement devenait hasardeux !*
- *Détrompez-vous, messire, les hostilités sur mer entre nos provinces et l'Angleterre avaient cessé. Mieux encore. Nous avions conclu avec elle et la Suède, une alliance pour lutter contre les prétentions du souverain français. Nous n'avions plus à redouter les boulets anglais. Les navires de guerre de Sa Royale Majesté britannique, en compagnie des nôtres, protégeaient nos vaisseaux marchands.*
- *Rien de plus vrai,* rétorque Gravesande. *Je requiers votre indulgence pour ces oublis, mon cher. Le souci du sort de mes malades me fait trop souvent négliger l'intérêt que tout honnête citoyen doit porter sur les événements de son temps. Je comprends mieux votre escapade...*
- *De la sorte, les temps devenaient favorables à l'amélioration de nos relations commerciales avec les Anglais. À Delft, dont je vous ai dit que la prospérité déclinait, il était urgent de défendre les intérêts des drapiers de la ville. Ce fut le but de mon voyage. J'eus la confiance des syndics de notre profession qui me déléguèrent pour rencontrer les marchands londoniens. J'embarquai à Rotterdam pour gagner Harwich, puis Londres en remontant la Tamise.*
Quand j'arrivai dans la capitale, je fus reçus par mes confrères au Collège de Gresham qui accueillait les représentants des corporations, la Bourse royale où se tenaient leurs réunions ayant été détruite dans le gigantesque incendie qui avait ravagé la moitié de la ville, deux ans auparavant alors que les habitants se remettaient à peine des terreurs que la grande peste avait semées dans tous les quartiers. L'ardeur que déployaient les Londoniens à reconstruire leur cité n'avait d'égale que leur tristesse engendrée par le spectacle des ruines encore béantes autour d'eux.
- *Ce ne sont pas les souvenirs forts agréables de votre expédition,* commente Gravesande.

- Certes non messire, mais en revanche ce voyage devait me réserver quelques sujets de réflexion, sans rapport avec mes affaires de drapier, et j'aimerais, avec votre permission, vous en dire un mot.
- Je vous écoute, Antoni.
- En route pour Londres, à l'escale de Harwich, nous avons attendu d'autres voyageurs et j'en profitai pour aller visiter les falaises de Rochester et de Gravesend, intrigué par leur blancheur.
- Je retrouve le curieux de la nature, s'exclame Cornelis.
- Oui, messire, j'aime à vous l'entendre dire. Je suis curieux de tout, je l'avoue sans fausse modestie. Pour revenir à ces falaises, vous n'ignorez pas qu'elles sont crayeuses. J'imaginai que la texture de la craie pourrait en expliquer la blancheur. En examinant la craie, je la trouvai formée d'une infinité de minuscules particules transparentes, serrées les unes contre les autres, se recouvrant entre elles dans l'épaisseur de ces gigantesques tapis rocheux. J'en déduisis que ces particules étaient à l'origine de la couleur blanche par quelque phénomène où la lumière aurait sa part et... »
Antoni s'interrompt. Gravesande hochait la tête, pensif.
« Je vous importune, messire...
- Mais non, Antoni, bien au contraire... Dites-moi... J'y songeais, devant un tel appétit de connaître, l'anatomie vous tenterait-elle? Savez-vous que nos compatriotes en sont entichés depuis que Rembrandt a peint cette magnifique toile où l'on voit le professeur Tulp[4]*, d'Amsterdam, disserter, scalpel en main, devant son auditoire ?*
Quelle audace, mon cher, chez ce jeune peintre de vingt-six ans à l'époque, offrant aux regards, avec sa leçon d'anatomie, l'image d'un tel réalisme! On eut pu croire au scandale... Ce fut l'enthousiasme... »
Cornelis s'interrompt un instant, puis reprend : *« Rembrandt nous a quitté. Après une vie fastueuse, jalonnée, il est vrai d'épreuves douloureuses. Le malheureux est mort dans la gêne... Sa passion de collectionneur n'y est pas étrangère ...*

[4] Tulp, de son vrai nom : Nicolas Dirx (1593-1674), médecin et magistrat hollandais. Il avait adopté ce pseudonyme parce que la maison de son père portait sculptée une tulipe, « tulp ».

Mais, je m'éloigne de mon propos, Antoni. Pardonnez-moi, vous serait-il agréable d'assister à mes démonstrations dans l'amphithéâtre ? Il me serait facile de vous faire prévenir.
- *Messire,* répond Antoni, *quel motif oserais-je invoquer pour ne pas accepter cette invite amicale ? À dire vrai, poursuit-il, je m'étais aventuré parfois à l'amphithéâtre en passant, connaissant, messire, votre renom, mais jamais, je n'aurais prétendu me compter parmi vos auditeurs fidèles.*
- *Eh bien, Antoni, c'est entendu. Je vous quitte sur cette agréable perspective. Je vois qu'on éteint les chandelles. À bientôt. Ne vous attardez pas. Les rues ne sont pas sûres en dépit de nos patrouilles de nuit et de leur crécelle d'alarme. Notre cité ne jouit pas encore, ainsi qu'Amsterdam qui l'inaugure cette année, d'un éclairage entretenu par des allumeurs publics*[5]*. Il n'est pas de nuit qu'un de nos honnêtes concitoyens ne soit attaqué. Faux mendiants agressifs, femmes dévoyées qui racolent, tire-laine prêts à nous détrousser, ivrognes en goguette querelleurs et bagarreurs, crapules au couteau prompt à nous égorger, ne manquent pas, sans parler d'un faux pas et de la chute possible dans un canal qui nous guette à tout moment dans la damnée obscurité de notre bonne ville.* »

[5] C'est le peintre Jan van der Heyden qui fit adopter ce mode d'éclairage en 1669.

Antoni van Leeuwenhoek[6].

[6] Cf. Sire Robert, communication personnelle, Orléans, 2012.

Leeuwenhoek et « le secret d'Antoni »

par les Drs Henri Lamendin & Xavier Riaud

Sous le titre « Le secret d'Antoni », in *Le drapier de Delft* (1989), Robert Delavault rapporte ces faits. Van Leeuwenhoek tint parole. Il se rendait chaque fois à l'invite de Cornelis Gravesande quand l'anatomiste pouvait disposer d'un cadavre. La municipalité de Delft accordait l'autorisation de procéder à sa dissection lorsque le corps allait être jeté à la fosse commune. Un comité d'experts médecins devait juger que l'opération ne présentait aucun danger de contamination. Ses avis demeuraient souvent fort prudents, car, en ces temps d'épidémie, la crainte dominait d'en voir surgir à tout moment.
Les masques que l'on portait sur le visage, les encens et les fagots que l'on brûlait dans les rues et aux carrefours, les docteurs de peste, visitant les malades, rassuraient, mais n'évitaient pas les ravages de maux qui s'étendaient au-delà des fortifications de la ville. La campagne lointaine servait de refuge en attendant que le concert joyeux des cloches annonce la fin du cauchemar. Les morts ensevelis, parfois jusque sous les remparts, la vie reprenait.
Les semaines suivantes, ils se retrouvaient assis, côte à côte, attentifs aux gestes et aux commentaires du maître d'anatomie. À l'issue des leçons, ils échangeaient leurs impressions tout en marchant et Cornelia prit l'habitude d'accompagner Antoni jusqu'au magasin. Elle s'y attardait, choisissait un ruban ou un bonnet, questionnait l'employée sur la manière d'apprécier les qualités d'un tissu.
Maria, curieuse, se tenait fréquemment derrière la grande table où l'on déroulait les étoffes, écoutant sans en avoir l'air les bavardages des clientes. Elle s'était prise d'emblée d'amitié pour Cornelia qu'elle admirait en secret. Touchée par la spontanéité et la joliesse de la petite, celle-ci lui rendait son affection et souvent la conseillait dans ses devoirs d'écolière.

Cornelia Swalmius, issue d'une famille aisée de Delft, loge présentement dans la maison où son frère tenait son cabinet. Johannes Swalmius, son père, est pasteur à Valkenburg. Par sa mère, Grietje Uytten-Brouck, elle est apparentée à des familles régentes de la cité, les van Groenewegen et les van Bleyswijck. Elle compte un grand-père qui fut plusieurs fois bourgmestre. Dans ce milieu de haute bourgeoisie, elle a reçu une solide instruction et une parfaite éducation. Elle manie le latin et continue de se captiver pour les études médicales, mais elle sait bien qu'elle devra tôt ou tard retourner à Valkenburg, après avoir liquidé les biens d'Adriaen et c'est pour elle un lancinant souci. Approchant la quarantaine, constamment dévouée à son frère, elle n'avait jamais songé à un époux capable de partager ses goûts et sa curiosité d'esprit, un homme qu'elle pourrait seconder en lui apportant aussi les menus soins quotidiens que réclame la vie à deux.

Elle s'était un jour surprise à murmurer : *« Et pourquoi pas Antoni? Il me paraît être un homme solide, affectueux, s'intéressant à tout. »* Elle s'avouait tout à coup le plaisir, la joie qu'elle avait de le rencontrer, de l'écouter. Il ne lui était pas indifférent. L'intérêt réel et l'affection qu'elle portait à Maria, comblaient quelque peu sa nature éprise de dévouement. *« Je pourrais continuer à l'élever, remplacer peu à peu la mère qui lui manque »*, songeait-elle. Antoni, de son côté, était devenu sensible à l'attrait de Cornelia, depuis que tous deux musardaient au hasard des rues et des ruelles, sans souci du plus court chemin, aimant à goûter dans l'imprévu des rencontres du jour. Ils erraient dans les quartiers des corporations aux enseignes de fer forgé grinçant dans le vent sous leur potence rouillée… Ils apprenaient à se connaître, ils bavardaient, ils échangeaient des confidences. Aujourd'hui, alors qu'ils passent dans une petite rue, Antoni s'arrête et dit : *« Voyez cette maison, Cornelia. C'est là que je suis né voici presque quarante ans. J'aime venir parfois porter ici mes pas, retrouver le souvenir de mon enfance, de mon père.*

- *Mais, je vous croyais originaire d'Amsterdam*, s'étonne Cornelia.

- *Non, mais j'y ai vécu*, reprend Antoni. *Mon père Philips et ma mère, Grietje van den Berch, issue d'une ancienne famille de marchands aisés de notre cité, habitaient à l'angle de cette rue*

de la Porte des Lions, dans cette maison. J'étais le cinquième enfant de la famille qui en aura compté sept. Je fus le seul garçon. »
Tous deux reprennent leur promenade. *« Que faisait votre père* (prénom : Philip Thonisz) *?*, questionne Cornelia.
- Il exerçait le métier de vannier. Son commerce était florissant, la ville était prospère, mes parents étaient heureux. Le malheur, hélas, s'est abattu sur nous avec la mort de mon père alors que j'étais dans ma sixième année. Ma mère me plaça en tutelle chez son frère Cornelis ; mon oncle était un juriste estimé. Je n'ai plus guère connu ma mère ensuite ; trois ans après la perte de mon père, elle s'était remariée avec le peintre officiel de Delft, Jacob Molijn. Je ne m'entendais pas avec mon beau-père, puis ma mère mourut à son tour quand j'atteignis onze ans. J'étais orphelin. C'est mon oncle qui m'a élevé. » Antoni s'interrompt un instant, songeur.
« Ce cher oncle, reprend-t-il, *entendait faire de moi un juriste à son image en me faisant acquérir une solide instruction. À neuf ans, il me fit entrer à l'école élémentaire de Warmond. Puis, cinq ans plus tard, je rejoignis Cornelis van den Berch à Benthuizen où il était maire et bailli de cette bourgade proche de notre ville. Un autre de mes oncles possédait là-bas une étude notariale. Tous deux m'enseignèrent des rudiments de droit et de mathématiques. Les quelques dispositions dont j'avais témoignées, jointes surtout à la nécessité de m'assurer au plus vite un emploi les décidèrent, à contrecœur sans doute, à me faire entrer comme apprenti drapier chez un commerçant en gros d'Amsterdam. J'avais alors seize ans.*
C'était en 1648, l'année où au soir du 5 juin, notre pays s'illumina de feux de joie et d'artifice. Nous fêtions, après la paix de Munster, l'issue victorieuse de notre longue lutte contre l'occupant espagnol. Amsterdam s'agrandissait avec l'afflux des réfugiés juifs d'Espagne et du Portugal, des réformés aussi fuyant l'oppression dont ils étaient victimes dans la Flandre et le Brabant sous la coupe des Espagnols. Je me souviens aussi que commençait la construction de l'hôtel de ville d'Amsterdam... Mais je vous lasse, chère Cornelia, avec mes souvenirs !
- Non, mon ami. Je suis émue d'apprendre combien votre enfance fut attristée et votre vie cahotée, et je suis très touchée

de la confiance que vous me témoignez. » Et lui prenant timidement la main, elle ajoute : « *Continuez, cela me donne tant de joie de mieux vous connaître* ».
Tout en poursuivant leur marche, conscients tous deux, sans le dire, du sentiment qui les accorde, Antoni poursuit ses confidences.
« *Je suis resté six ans à Amsterdam, j'avais terminé mon apprentissage chez un marchand écossais. Je me souviens encore de son nom : William Davidson. Désormais maître-drapier, je pouvais songer à m'établir pour mon compte. Je revins à Delft ; j'avais vingt-deux ans. J'ai connu Barbara de Meij, fille de drapier, et nous nous sommes mariés au mois de juillet 1654. Avec sa dot et mes économies, nous avons acheté à crédit cette maison que j'habite toujours.*
Peut-être vous en souvenez-vous ? C'était l'année où se produisit au mois d'octobre, le 12 dans la matinée, l'explosion du magasin à poudres qui anéantit des quartiers entiers de Delft et provoqua la mort de centaines d'habitants. C'est ce jour-là que périt, avec son modèle, le peintre Carel Fabritius. Par bonheur, notre demeure fut épargnée. Que Dieu soit loué ! Nous n'eûmes à déplorer que des bris de vitres et de vaisselle.
Pardonnez-moi, Cornelia ! Ces souvenirs de jeunesse ont si souvent meublé ma solitude. Je serais heureux que vous les partagiez désormais. »
Antoni hésite et se décide : « *Ma mie, excusez mon audace. Accepteriez-vous de venir à la maison, un jour prochain ? J'aurai tout loisir de vous faire part d'un secret, de vous faire visiter mon cabinet de travail, de vous demander conseil peut-être sur mes aptitudes.*
- Douteriez-vous de vous-même, Antoni ?
- Assurément, mon amie, mais vous pourriez m'aider. Voyez-vous, Cornelia, j'ai lu quelques livres, ma curiosité reste insatisfaite. Que sait-on de l'univers qui nous entoure ? Nos yeux, nos sens sont-ils seuls capables de nous en révéler tous les secrets ? J'ai tellement confiance en vous, Cornelia, ajoute Antoni, une lueur de tendresse dans le regard. *Viendrez-vous ?*
- Oui, mon ami. Dès mon retour de Valkenburg où je dois passer quelques jours auprès de mon père, j'aurai la joie de vous retrouver. » La maison d'Antoni van Leeuwenhoek, à l'enseigne Het Gouden Hoofd, se dresse au bord du canal, bordé

d'ormes et de tilleuls, qui longe l'Hippolytusbuurt. Elle voisine l'angle où la Nieuwstraat, conduit au petit pont arqué au bout duquel à main gauche, se trouvent le marché aux poissons et, toute proche, la halle aux viandes. En façade, ses deux étages portent quatre fenêtres aux petits carreaux sertis de plomb. A leur mi-hauteur, des contrevents bas de bois peints en vert, passés au verni, offrent un pimpant contraste sur le fond de briques rouges. Le magasin, donnant de plain-pied sur la chaussée, s'ouvre par une porte en arcade encadrée de deux baies vitrées au soubassement de bois brun. Sous l'entablement du premier étage, court une frise de carreaux multicolores. Un fronton triangulaire à redans coiffe le deuxième étage ; une porte à deux battants s'y ouvre sur le vide, surmontée d'une potence à poulie aidant à la montée des marchandises entreposées sous les combles.
Aujourd'hui, en ce début d'après-midi de l'année 1670, Cornelia presse le pas pour y rejoindre Antoni. Sitôt dans le magasin, elle appelle Maria, l'embrasse. Bien vite, la fillette s'échappe de ses bras, frappe à une porte en criant : *« Père, Cornelia est là ; comme elle semble joyeuse, venez vite ! »*
Antoni paraît sur le seuil. Sa fille ne ment pas. La jeune femme dissimule avec peine, le plaisir qu'elle éprouve de sa visite. Les traits encore purs de son visage se marquent d'une légère rougeur. Sa coiffe laisse échapper quelques boucles blondes. Elle serre contre elle un petit sac de fine toile brodée, un long tablier à rayures bleues et blanches, qui couvre la jupe de satin mordoré qui recouvre à peine les fins souliers de daim. Un léger corsage de dentelle lui tient aux épaules par deux fins cordons de velours noir.
Antoni lui prend affectueusement le bras et tous deux rejoignent son cabinet. Le regard de Cornelia embrasse la pièce. Une longue table couverte d'un tapis occupe le centre. Par les vitres des fenêtres donnant sur le canal en contrebas, pénètre une douce lumière, d'épais rideaux de drap noir sont tirés sur les côtés. Cornelia découvre aussi une sorte d'établi appuyé contre le mur, entre les fenêtres. Deux grandes cartes murales sont accrochées sur le mur opposé, une mappemonde est dressée dans un angle de la pièce. Son regard accroche un large placard ouvert, garni de planches ménageant des niches où sont rangés des instruments qui lui sont inconnus.

Elle s'exclame : *« Mon Dieu, Antoni. Que faites-vous donc de mystérieux dans votre solitude ? Si je voyais quelque cornue je craindrais fort de me trouver dans l'antre d'un alchimiste ! »*
Antoni éclate de rire : *« Ne craignez rien, mon amie. Je ne commerce point avec le diable pour découvrir le secret de la pierre philosophale. Mon secret est tout autre. Je vous ai promis de vous le dévoiler. Alors, écoutez-moi, asseyez-vous à votre aise. Je fabrique des lentilles de verre, tout bonnement, des lentilles grossissantes pour examiner de minuscules objets. Cette tâche doit vous paraître étrange. Aussi dois-je vous expliquer pourquoi je m'y consacre. Personne n'est au courant, pas même messire Gravesande. Vous serez discrète... Et prenez patience, ma mie. Je crains fort de vous tenir longtemps encore dans mes confidences.*
- Ce n'est rien Antoni. Laissez-moi m'accoutumer aux surprises qui m'attendent et vous savez bien quel plaisir j'ai à vous écouter. »
Antoni, posément, commence son récit, assis l'un près de l'autre. *« Vous savez que je travaillais à Amsterdam chez un drapier et vous savez aussi que les drapiers utilisent un compte-fils pour examiner la trame des tissus, et en apprécier la qualité. C'est au magasin que j'ai découvert en m'amusant cette lentille grossissante. Entre deux relevés de comptabilité, je regardais parfois ce qui me tombait sous la main. Les ailes de mouche avaient ma faveur. J'admirais leurs fines et délicates nervures, les soies qui les couvrent comme autant de stylets acérés. Cette curiosité m'attirait les remontrances de mon patron, jugeant que ma place était derrière mon pupitre de caissier pour y tenir les comptes et non à rêvasser, l'œil à la lentille en regardant n'importe quoi. Il ajoutait, la voix acide, que mon oncle ne m'avait pas envoyé chez lui pour me livrer à ces enfantillages... Vous riez, Cornelia, mais peut-être est-ce déjà dans ce magasin que s'est dessiné mon goût pour les lentilles de verre ? Qui peut savoir ? Quand vous connaîtrez la suite...*
Quelques années après mon arrivée à Delft, je suis entré à la municipalité. Ma charge d'huissier me permettait de rencontrer nombre de personnes de toutes conditions. On y bavarde beaucoup dans les antichambres et les couloirs. Or, un certain jour, j'entendis à côté de moi un gentilhomme qui s'inquiétait de

savoir si à Delft, se fabriquaient des lentilles de verre. Il y prêtait le plus grand intérêt et circulait dans nos provinces, enquêtant auprès des verriers.

- *Je commence à comprendre*, interrompt Cornelia, attentive et souriante.

- *Notre homme pestait*, continue Antoni. *Voyageant par coche d'eau s'il avait la bonne fortune d'y trouver place dans la cohue des marchands, paysans, matelots et filles de joie, il avait dû trop souvent à son gré emprunter à cheval, en calèche, ces maudites routes poussiéreuses ou boueuses suivant l'humeur du temps. Il jurait contre les ornières secouant les voitures, brisant les roues à moins qu'elles ne s'enlisent, avec la pluie, jusqu'au moyeu. Les chevaux bronchaient le long des profondes rigoles, y pataugeaient. Mieux valait couper au travers des champs sans craindre la vindicte des paysans qui lâchaient leurs chiens aux trousses du cavalier. La monture, parfois, s'écroulait d'un coup, l'homme vidait les étriers, se retrouvait à terre les os rompus jusqu'au lendemain. Notre voyageur vouait au diable les auberges d'étapes, sales, bruyantes, mal famées. Il se souciait à grands cris de trouver à Delft, un logement digne de sa condition.*

Bref, je crus devoir rendre service à ce gentilhomme, me revenant en mémoire qu'un verrier était de ma clientèle. J'abordai l'homme et lui donnai l'adresse de Geurt Derksz qui habite dans les faubourgs, au nord de la ville. La voisine de Derksz, une veuve âgée mais encore alerte, tiendrait volontiers une chambre à sa convenance. Nous nous étions présentés l'un à l'autre ; je sus qu'il se nommait Christiaan Huygens. Il fut enchanté du service que je lui rendais. Quelques jours plus tard je le croisai de nouveau ; il tenait à me remercier.

De peu mon aîné il possédait déjà une grande expérience dans le domaine des sciences et entreprit sur le champ de me faire partager ses enthousiasmes. « Savez-vous, monsieur van Leeuwenhoek, me dit-il, en me prenant par le bras, que nos compatriotes ont une véritable passion pour l'optique ?

Ne dit-on pas que c'est l'un d'eux, Cornelis Drebbel, qui, il y a un demi-siècle environ, inventa l'association de lentilles pour observer de menus objets ? A moins que ce ne fût Johannes Janssen et son père Zacharias, lunetiers à Middelburg ; leur appareil en bronze avait, paraît-il, deux mètres de long ! Je

doute fort pour ma part qu'ils aient pu voir grand-chose avec leur lunette. »
« Mon homme était intarissable, continue Antoni. *Je ne résiste pas au plaisir de poursuivre le récit qu'il m'a tenu, s'il ne vous ennuie pas. Savez-vous, monsieur van Leeuwenhoek, qu'à Amsterdam vit, dans une sorte de retraite, un philosophe inventeur d'un instrument d'optique qu'il a nommé pandochae ? Ce Baruch Spinoza, israélite, connaît bien des misères, paraît-il, avec ses coreligionnaires ; il trouve ses ressources et sa tranquillité dans la confection, et la vente de son instrument, et des verres de lunettes. C'est un curieux bonhomme qui a de hautes relations. Il connaît Leibniz, jeune et brillant mathématicien, qui fera son chemin, croyez-moi. »*
« Puis, dit Antoni, *avant de me quitter, il m'a lancé tout à trac. « Vous-même, monsieur, vous devriez sacrifier à l'engouement. J'ai su que vous êtes aussi drapier. Alors, que diable ! La lentille grossissante n'est pas une inconnue pour vous ! » Certes, je pris le propos de Huygens pour une boutade. Il l'avait proféré en riant. Mais, il me donna à penser. Il me revint en mémoire mes amusements d'apprenti, je me souvins que nous utilisions des lentilles très claires, mais qui ne grossissaient guère. L'on devait pouvoir faire mieux.*
- *Quand avez-vous commencé ce travail, Antoni ?* questionne Cornelia.
- *Le hasard m'a guidé, mon amie. À la vérité, je ne pensais plus guère à me soucier des lentilles et j'avais quelque peu oublié ma rencontre avec Huygens quand les syndics des drapiers de Delft me chargèrent d'une mission auprès de nos confrères de Londres. Sur place, j'appris au cours des discussions - Dieu merci ! J'avais un interprète - qu'un savant anglais, Robert Hooke, avait observé la trame des tissus en utilisant un microscope de sa fabrication.*
Mes interlocuteurs possédaient un exemplaire de l'ouvrage où il avait consigné ses examens. J'eus cette Micrographia en mains, Cornelia. Vous savez que je n'entends rien à la langue anglaise, mais les dessins de l'auteur me subjuguèrent. Non seulement ils montrent la finesse du grain des étoffes, mais encore quantité d'objets curieux. Je me souviens surtout d'une admirable figure où l'on voit le liège formé de minuscules loges serrées les unes contre les autres.

Bref, à mon retour de Londres, c'était en 1668, ma décision était prise, je fabriquerais des lentilles et des microscopes pour observer les menus objets. Vous connaissez tout désormais, Cornelia, du secret de mes activités. Vous voyez ici, sur ma table, quelques-uns de mes appareils.
- *Mais, ils sont tout petits, Antoni,* interrompt Cornelia en saisissant un des microscopes. *Celui que je viens de choisir tient dans la paume de ma main !*
- *Certes,* opine Antoni, *les deux plaques de cuivre qui enserrent la lentille dans un orifice que j'y ai percé ne mesurent que deux pouces dans leur longueur, sur une largeur d'un pouce. La lentille est minuscule... Vous allez savoir pourquoi. J'avais pu apprendre que Hooke confectionnait des microscopes à deux ou trois lentilles. Mais, de son avis même, les images apparaissaient souvent déformées. Je songeai que, peut-être, en utilisant une seule lentille, je réduirais cet inconvénient. Mais encore fallait-il que cette seule lentille grossisse bien davantage que nos compte-fils de drapier. C'est ici que mes souvenirs d'Amsterdam me furent utiles. Nous avions là-bas un grand échantillonnage de compte-fils. Or, j'avais remarqué que les lentilles qui grossissaient le plus avaient les faces les plus courbes. Le grossissement me parut ainsi lié à la courbure du verre mais, de ce fait, si mon raisonnement était exact, il me paraissait bien difficile de confectionner de larges lentilles, comme celles des drapiers, aux faces suffisamment rebondies. J'en vins à penser que la seule solution était de réduire considérablement le diamètre des lentilles. Je me mis au travail. C'était il y a deux ans ; c'est à cette époque que les voisins et les clients ont commencé à être fort intrigués et à jaser quand ils ont appris, au travers des commérages du quartier, que j'allais chaque semaine visiter un souffleur de verre, et un orfèvre de la ville.*
- *Vous arrivez à bien voir ?* intervient Cornelia.
- *Vous aurez tout loisir d'y croire, mon amie, si toutefois vous y consentez. C'est un simple jeu d'amateur, je le confesse, mais j'ai l'audace de soupçonner qu'il ne manque pas autour de nous d'êtres et d'objets si petits que nos yeux seuls ne puissent en percer tous les secrets. Ce m'est une joie de m'efforcer de les découvrir.*

- Faites-moi un plaisir, Antoni, ne gardez plus longtemps votre secret. Autorisez-moi à en parler autour de moi à l'amphithéâtre. Ces messieurs seront heureux de le connaître.
- À votre guise, Cornelia, si vous souhaitez qu'il en soit ainsi. »
Un grattement à la porte, quelques coups légers, c'est Maria, rieuse et timide à la fois.
« Excusez-moi, père, Margriet m'envoie vous quérir, c'est l'heure du goûter.
- Nous y allons, grande fille. Fais ajouter un couvert. Cornelia goûte avec nous.
- Oh ! Cornelia, vous allez partager nos modestes agapes. Que je suis heureuse ! Vous me corrigerez un devoir bien difficile.
- N'as-tu pas honte, Maria, gronde gentiment Antoni.
- Vous êtes de grands enfants, dit Cornelia en souriant. *Donnez-moi la main tous les deux. Allons goûter. »*
(…) Antoni est heureux. Il lui semble qu'une éternité s'est écoulée dans la tristesse, qu'il retrouve enfin aujourd'hui le bonheur de vivre.
Il regarde Cornelia avec dans les yeux une tendresse qu'elle semble accepter sans le dissimuler.

Leeuwenhoek et le parchemin de Londres

Pour éviter les fraudes, les règlements alors en vigueur à Delft exigeaient que les barriques, tonneaux et barils de vin, et d'huile soient jaugés sous contrôle. En 1679, Antoni van Leeuwenhoek avait été nommé « *wijnroeir* » pour assumer cet office.
Les revenus de sa nouvelle charge, ses appointements d'huissier et d'inspecteur de quartier, dont il conservait les fonctions, assuraient l'aisance dans sa famille.
Il avait acheté un jardin au voisinage de la ville et, au pied des remparts, une chaumière entourée d'un verger planté de pommiers et de cerisiers. Il s'y rendait souvent le dimanche en compagnie de Maria et de Cornelia, et parfois aussi en semaine, seul ou avec Gravesande et d'Acquêt qui s'étaient accordés quelque repos. Tous trois bavardaient amicalement à bâtons rompus, tout au long des chemins.
À ses biens, s'ajoutait une autre maison, à Delft, que Cornelia avait apportée en dot.
Voici vingt-cinq ans déjà, il s'installait à la « Tête d'Or ». Depuis une douzaine d'années, il observe au travers de ses lentilles. Aujourd'hui, il ne cesse de correspondre avec Londres. Antoni est conscient de son bien-être et de la chance qui lui a souri dans sa vie, mais il approche de la cinquantaine, et au sentiment de sa réussite se mêle parfois quelque nostalgie au souvenir des années passées, et des amis perdus... Souvent, il pense à Reinier de Graaf, ce précieux compagnon qui lui manque toujours autant.
Il revoit aussi Jan Swammerdam gamin, l'invitant dans l'officine de son père, et dans le grenier où grouillait ce merveilleux monde de petits animaux vivants.
Il avait eu plusieurs fois la visite de Jan avant que son jeune compagnon d'autrefois ne sombre dans le mysticisme, craignant d'offenser Dieu par ses études anatomiques.

Jan avait retrouvé au Holstein, cette Antoinette Bourignon[7], laideron vêtu d'habits d'homme, prêtresse exaltée qui vivait parmi la soldatesque, visionnaire prêchant au hasard des chemins et des villes, harcelée de procès et souffrant les persécutions.
Depuis, Jan avait rejoint son pays, mais Antoni et lui ne se comprenaient plus. Déjà, quand ils étudiaient chacun de son côté l'anatomie de la puce ou du pou, Antoni s'irritait du peu d'empressement que témoignait Jan à échanger leurs observations au cours de ses visites, omettant aussi de lui signaler les erreurs qu'il pouvait commettre.
Puis, ils s'étaient querellés à propos de l'usage du microscope. Jan préférait la lumière du jour à celle d'une chandelle ; Antoni prétendait que ses microscopes étaient les meilleurs, s'acharnant à l'étude des détails, jamais satisfait de la puissance et de la clarté de ses lentilles.
Ils avaient rompu. Antoni savait que Jan le tenait pour un homme sans formation académique, sans faculté de raisonnement, n'échappant pas à sa condition de marchand, pour ainsi dire un amateur.
« Bah ! se disait Antoni, *les amitiés sont comme les fleurs. Elles se flétrissent avec le temps. »*
Tôt ce matin de la mi-mai 1680, il regarde au loin, de la fenêtre de son bureau, le clocher de la nouvelle Église pointant haut dans l'éclosion de la lumière printanière.
Il sourit : *« Je serais curieux de connaître*, songe-t-il, *qui se souvient encore de sa hauteur. Mes calculs doivent dormir dans quelque dossier abandonné au fond d'un tiroir... »*
Un frôlement contre son mollet l'interrompt dans ses réflexions. À ses pieds ronronne un jeune chat noir recueilli la veille par Maria qui l'avait aperçu au bord du canal. Pourchassé par des gamins, efflanqué de misère, il tremblait de peur.
Depuis lors, très vite familiarisé, il se faufilait dans le bureau d'Antoni qui craignait toujours de le voir, dans ses jeux, renverser une de ses fioles ou casser ses tubes de verre.

---

[7] Née à Lille en 1616, décédée à Franeker, dans la province de Frise, en 1680. Rebelle au mariage, elle avait abjuré le catholicisme et erra par la Belgique, les Provinces-Unies et l'Allemagne. Elle écrivit de nombreux ouvrages où à la poésie, se mêlent d'obscures élucubrations. Ils furent publiés à Amsterdam, de 1679 à 1684.

« Viens ici, mon poeste, dit-il en empoignant le petit animal. *Montre-moi ton joli menton blanc. »* Il le caressait et s'apprêtait à le faire sortir lorsqu'à cet instant, au dehors, retentit un martèlement de sabots accompagné du roulement d'une voiture aux roues ferrées résonnant sur le pavé raboteux.
Antoni, intrigué, aperçoit une calèche qui débouche sur le pont enjambant le canal ; le cocher tire sur les rênes de ses chevaux, la voiture tourne à droite et s'engage sur la chaussée.
L'homme jure : *« Bon Dieu ! Tout doux mes agneaux... Nous sommes arrivés. »*
La calèche s'est arrêtée devant la « Tête d'Or », tout aussitôt entourée de curieux.
« Diable, bougonne Antoni, tenant le minet apeuré blotti dans ses bras, *voici de bien grands personnages pour user d'un si bel équipage ! Notre quartier n'est guère accoutumé à de telles visites matinales. Je crains que ces voyageurs ne trouvent à leur goût de s'apercevoir qu'ils se sont trompés d'adresse. »*
Le cocher bondit de son siège. Il interpelle un jeune garçon qui, devant la voiture, sautille au ras du quai, insouciant du danger d'une culbute dans l'eau. Antoni voit l'enfant répondre au cocher et, le bras tendu, montrer sa fenêtre. Il reste stupéfait quand le cocher ouvre la portière et se découvre devant deux hommes élégamment vêtus qui sortent de la calèche, et se dirigent vers la maison.
« Il serait désobligeant de ma part, murmure-t-il, *de ne pas me rendre au devant de ces messieurs. Si j'en crois les gesticulations du gamin, ils tiennent à me voir ... Mais, je ne suis pas présentable dans ma vieille robe de chambre ! A-t-on idée d'arriver ainsi sans prévenir et de si bon matin ! »*
Maria surgit dans le bureau. *« Vite, père, deux messieurs désirent vous faire visite. Ils m'ont dit venir de La Haye.*
- De La Haye ! Ça par exemple ! Qui peuvent-ils bien être ? Ma fille, fais-les entrer dans le petit boudoir, prépare du café. Je les rejoins après m'être changé... Vois Maria... Je ne suis pas dans une tenue décente. »
Maria rit de voir son père dans cet embarras. *« Ce n'est rien, père. Je leur ferai un brin de conversation en attendant. Donnez-moi le petit chat. Il vous encombre. Cornelia ne devrait pas tarder à revenir. Elle est en face, au marché des viandes. Elle doit bien se demander à quoi rime tout ce remue-ménage.*

- Vite Maria, file... Que ces messieurs n'attendent pas davantage. »
Quelques minutes plus tard, Antoni entre dans la pièce où l'attendent ses visiteurs. Il s'est habillé et porte même perruque. Maria, discrètement, s'est retirée.
Les deux hommes se sont levés et s'inclinent. Antoni les salue à son tour. *« Êtes-vous monsieur van Leeuwenhoek ?* questionne l'un d'eux en mauvais hollandais.
- Assurément, messire, pour vous servir, ainsi que votre compagnon. Puis-je me permettre de m'inquiéter respectueusement de l'objet de votre visite ?
- Monsieur van Leeuwenhoek, j'ai le grand honneur d'accompagner ici, à titre d'interprète, Monsieur l'attaché auprès de l'ambassadeur d'Angleterre résidant à La Haye. Il me prie de parler en son nom bien, qu'hélas, je ne manie pas très correctement votre langue. »
Antoni s'incline devant l'envoyé de l'ambassadeur. *« Messire*, dit-il, *veuillez me croire votre obligé serviteur. »*
L'attaché se tourne vers son interprète et lui adresse quelques mots. *« Monsieur l'attaché*, traduit celui-ci, *vous remercie des marques de déférence que vous témoignez à sa personne et m'invite à vous dévoiler sans plus tarder le motif de son voyage.*
- Asseyez-vous, messieurs, je vous prie, répond Antoni. *J'ai demandé à ma fille de nous préparer du café et ma femme Cornelia ne va pas tarder à rentrer.*
- Monsieur van Leeuwenhoek, reprend l'interprète, *Son Excellence l'ambassadeur d'Angleterre à La Haye vient de recevoir un courrier l'informant que les membres de la Royal Society vous ont élu à l'unanimité pour entrer dans leur savante communauté. Son Excellence désire déposer entre vos mains, par les soins de son attaché, le parchemin qui consigne les termes de leur choix. Nous devons aussi vous remettre deux lettres que vous adressent messires Thomas Gale et Robert Hooke ».*
Succède un long silence. Dans l'esprit d'Antoni, les images défilent ainsi que, parfois, elles se bousculent dans des rêves impossibles. Il a du mal à maîtriser son émotion.
« Messieurs, veuillez pardonner mon trouble. Laissez-moi m'accoutumer à l'honneur qui m'échoit. »

À côté, des voix s'élèvent. Cornelia est de retour. Antoni, peu à peu, s'est ressaisi. Il se lève. *« Je serais heureux, messieurs, de vous présenter mon épouse, si vous me permettez de la prier de nous rejoindre. Je n'en ai que pour un instant. »*
Cornelia ôtait sa cape et son bonnet quand elle aperçoit son mari. *« Quelle est cette visite si fastueuse ?* demande-t-elle *et,* se tournant vers Maria, *as-tu fait entrer le cocher à la cuisine ? Offre lui une chope de bière.*
- *Vite Cornelia,* presse Antoni. *Ces messieurs, deux envoyés de l'ambassade d'Angleterre à La Haye, nous attendent dans le boudoir, ma mie. Ils m'annoncent mon élection à la Royal Society. Maria porte nous le café. »*
Cornelia et Maria, interloquées, échangent un regard où passe à la fois la stupéfaction et la joie, tandis qu'Antoni entraîne sa femme vers les envoyés de La Haye.
Présentations faites et banals propos échangés, l'attaché d'ambassade se tourne vers Antoni. Il lui tend en parlant un coffret d'argent ciselé auquel pend une petite clef retenue par un fin cordon rouge. Le couvercle porte, gravées, les armoiries de la Société londonienne.
« Monsieur Antoni van Leeuwenhoek, traduit l'interprète, *avec la bienveillante protection de notre bien-aimé souverain Charles deuxième, roi d'Angleterre, le président de la Royal Society, Sir Joseph Williamson, a chargé notre ambassadeur de vous remettre ce parchemin. »*
Le nouvel élu tourne en tremblant la clef, soulève le couvercle. Le parchemin repose sur un fond capitonné de satin écarlate. Au bas du document, deux sceaux de cire rouge sont attachés par une cordelette torsadée. Antoni déroule le diplôme.
Le texte est rédigé en latin, d'une élégante écriture large et déliée, parsemée de passages où éclatent des lettres gothiques. Il distingue : *« PRAESES CONCILIUM ET SODALES REGALIS SOCIETATIS LONDINI... SCIATIS QUOD DICTA SOCIETAS LAUDATUM VIRUM D. ANTHONIUM LEUWENHOOKE... DATUM LONDINI ANNO SALUTIS PRAE-DICTO, REGNI AUTEM CAROLI II... »*
« Quel dommage, songe-t-il, *que ce latin m'échappe... »*
Il se tourne vers ses visiteurs : *« Veuillez me permettre, messieurs, de faire appel aux talents de mon épouse pour me*

faire lecture de ce précieux document... Je n'entends rien, hélas, à la langue des savants. »
Il tend le parchemin à Cornelia. Rose d'émotion et de confusion, elle traduit lentement, détaille les subtilités du texte, sourit aux passages où fleurissent les élogieuses formules académiques. À la fin de sa lecture, dans un élan de tendresse, elle serre Antoni dans ses bras, s'incline devant ses hôtes, replace doucement le parchemin dans son coffret d'argent.
Dans l'intervalle, Maria est entrée, a servi le café qui fume dans les tasses. Ces minutes d'émotion passées, la conversation reprend, amicale, détendue. Antoni songe que l'instant est venu d'exprimer les premiers signes de sa reconnaissance. Il s'adresse à l'attaché d'ambassade qui, attentif, hoche la tête en souriant quand l'interprète bute un instant sur un mot, une tournure difficile.
« Messire, comment pourrais-je assez vous remercier d'être venu me porter ce document ? Je vous saurais gré que soit connu à Londres, par l'intercession de son éminent ambassadeur, le sentiment de gratitude que je témoigne à Sa Majesté royale et au prestigieux collège qui m'accueille en son sein, sous sa haute et clairvoyante protection. C'est un bien grand honneur... Après tout, je ne suis qu'un drapier... »
Ses visiteurs se regardent, surpris. Antoni sourit et ajoute : *« Il est vrai, messieurs, que rien ne me destinait aux activités qui meublent désormais ma vie quotidienne. Les hasards de la vie en ont décidé autrement.*
- *Tu oublies ta curiosité et ton obstination*, dit Cornelia.
- *Comment se fait-il, monsieur van Leeuwenhoek*, questionne l'interprète, *que drapier dites-vous, vous ayiez fait de telles découvertes ?*
- *J'utilisais des lentilles pour examiner les trames des tissus. J'ai eu l'idée de regarder autre chose. J'ai perfectionné mes loupes. J'ai eu la chance aussi de trouver des amis qui m'ont conseillé. Je pense à mon cher Reinier de Graaf, disparu si jeune. Je serais ingrat si je n'ajoutais pas que ma chère épouse Cornelia m'a constamment soutenu, aidée aujourd'hui par ma grande fille Maria, quand les rumeurs du voisinage ne m'étaient pas toujours favorables. »*
Dans son attitude familière, Antoni, les mains derrière le dos, marche de long en large. Au passage, il effleure d'une légère

caresse, le petit chat qui s'est glissé dans la pièce et qui, lové sur un coussin, agite les oreilles en ouvrant un œil doré sur son maître.
« Seul, reprend-il, peut-être n'aurais-je pas atteint les mérites que ces messieurs de Londres ont aujourd'hui la bonté de me reconnaître. » L'attaché d'ambassade se tourne vers l'interprète qui avait traduit et lui adresse la parole.
Antoni s'entend répondre : *« Monsieur l'attaché d'ambassade tient à vous dire que vous avez été chaleureusement soutenu par beaucoup des honorables membres de la Royal Society. Vous devez le savoir, votre modestie dût-elle en souffrir. Messieurs Hooke, Huygens, Boyle, pour n'en citer que quelques-uns, ont été sensibles aux nombreuses lettres que vous adressez à Londres depuis plus de dix années. Vos étonnantes découvertes des globules du sang, des animalcules vivant dans les eaux et dans la semence humaine font l'objet de leurs conversations. Ils ne cessent de louanger la qualité des microscopes que vous utilisez, et l'on dit qu'ils souhaitent vous déléguer l'un des leurs pour connaître vos secrets de fabrication. Vous jugerez, vous-même, si vous trouvez opportun d'accéder à leur curiosité. »*
Une ombre légère passe sur le visage d'Antoni, soucieux de ne rien dévoiler qui touche à la confection de ses lentilles. *« Bah ! Nous verrons bien »*, songe-t-il.
Les deux visiteurs se lèvent. L'interprète s'incline : *« Nous allons, à regret, vous quitter, mesdames. Soyez assuré, monsieur van Leeuwenhoek, que mon maître ici présent fera part dès demain à notre ambassadeur de votre gratitude envers notre bien aimé souverain et les membres de la Royal Society. »*
Les envoyés de La Haye sont remontés en voiture. Avec force cris, le cocher se fraie un passage parmi les curieux, conduit ses chevaux le long du canal. La calèche s'éloigne, disparaît à grandes envolées de fouet.
Encore sous le coup de la surprise, Maria, qui n'avait jusqu'alors rien dit, se précipite vers Antoni, l'embrasse et lui dit : *« Père, montrez-moi encore votre coffret. Vous le ferez voir à nos amis n'est-ce pas ? Mettons-le sur la console. Ils l'admireront tout à leur aise. Oh ! Cornelia, faites nous encore une fois la lecture du* parchemin. *Et les lettres de messires Gale et Hooke, vous allez aussi nous les lire ?*

- *Mais oui, Maria, calme-toi,* répond Cornelia. » Se tournant vers son mari, elle ajoute : *« Espérais-tu cette nomination ? Tu es un cachottier !*
- *C'est vrai père,* ajoute Maria. *Vous n'avez jamais rien dit qui nous laisse espérer une telle heureuse nouvelle !*
- *Pardonnez-moi toutes les deux. Il est vrai que je vous ai caché avoir reçu au début de cette année une lettre de Robert Hooke où il me demandait fort aimablement si je consentais à faire acte de candidature. J'avais répondu en acceptant, bien entendu, sans vous en parler cependant tant je craignais que ma démarche ne se solde par un échec... Voilà, vous savez tout maintenant...*
- *Chère Cornelia,* ajoute-t-il, en prenant sa femme dans ses bras, *il faut fêter cet heureux événement. Invitons donc nos amis à souper. »*
Et se tournant vers sa fille : *« Maria, cours les prévenir. S'ils s'étonnent, insiste, mais surtout ne dévoile rien de notre secret. »*
Maria n'eut aucune peine à convaincre les amis de son père qui les avait accoutumés à jouir sans retard de la primeur d'une découverte. Elle n'avait rien dit des motifs de l'invitation et bien que les convives aient pu s'attendre à quelque étonnante nouveauté, la surprise fut à son comble quand, avant de se mettre à table, Antoni prit sur la console le petit coffret d'argent, en sortit le parchemin qu'il tendit à ses hôtes. On s'exclama, on admira, on congratula l'élu, on s'embrassa. La joie ce soir-là, s'épanouit dans l'amitié partagée.
Le lendemain, 13 mai 1680, Antoni van Leeuwenhoek remerciait, par lettres, Joseph Williamson, président de la Société, Thomas Gale, second secrétaire, et Robert Hooke à qui sa missive se terminait par ces lignes : *« ... J'ai contemplé ce document avec la plus profonde affection et mon cœur est rempli de gratitude ; et avec le plus grand respect que je vous dois, Monsieur, je me sens tenu de vous dire que, non seulement aujourd'hui, mais encore tous les jours de ma vie, je suis et demeure, Monsieur, avec mes vifs remerciements, votre très obligé, Antoni van Leeuwenhoek* (Delavault, 1989). *»*
En 1981, Brian J. Ford, microscopiste britannique, a constaté que les échantillons originaux de van Leeuwenhoek avaient survécus dans les collections de la Société royale de Londres.

Ils étaient de haute qualité et avaient tous été bien préservés. Grâce à eux, Ford a réalisé des observations avec toute une gamme de microscopes (Encyclopedia Encydia).

Leeuwenhoek et la foi

Peu importe le degré d'obstination des matérialistes et des athées, une seule vérité évidente persiste. Dieu a créé toutes les formes de la vie ainsi que les systèmes régis par la science. Cependant, il est certain que la science et la religion sont compatibles, et qu'elles le seront tant qu'elles seront pratiquées de façon honnête, et raisonnable. Une marque de cet accord apparent est représentée par les "savants de la foi", du passé et du futur, qui ont tous apportés des contributions significatives à l'humanité.

Un chercheur, qui fait de nouvelles découvertes et travaille sur la compréhension des mystères de l'univers, est en fait un individu qui recherche la beauté de Dieu en profondeur en essayant de détecter ses détails. C'est la raison pour laquelle la religion et la science sont une unité inséparable. Un tel chercheur est quelqu'un qui démontre l'infinie puissance de Dieu, la beauté ainsi que l'unicité de Sa création. Pour cette raison, les savants, contrairement aux croyances populaires, peuvent percevoir de façon plus immédiate l'existence et l'unicité de Dieu, et cela parce qu'ils se consacrent à l'étude des objets créés par Dieu.

Sans surprise aucune, il existe un grand nombre de savants qui ont apporté d'importantes contributions à la science en ayant recours à la pensée libre et à l'ouverture d'esprit que la religion leur a fournies. Ces personnes ont non seulement démontré que la science et la religion sont compatibles, mais ont également servi la science, et l'humanité avantageusement. D'éminents savants comme Newton, Kepler, Léonard de Vinci et Einstein, qui étaient les pionniers de la science, croyaient, suite à leurs observations, et recherches, que l'univers est une création organisée, et qu'il est sous le contrôle de Dieu. De plus, ce sont des hommes de foi qui ont découvert les principes sur lesquels la science repose. La religion a donc joué un rôle important dans cette découverte. Par exemple, Isaac Newton, considéré comme le savant le plus éminent de tous les temps, explique son point de vue sur le cosmos au travers des mots suivants : *« Ce magnifique système de planètes, du soleil et de comètes n'a pu apparaître que grâce à la pensée et à la domination d'un Etre intelligent et puissant. Cet Etre gouverne toutes les choses en tant que Seigneur de toutes les choses. On l'appelle habituellement le Seigneur Dieu, Dirigeant universel. »*

Il est connu que les réalisations de Kepler découlent de sa foi religieuse. Arno Penzias, lauréat du prix Nobel de physique de 1978 et co-découvreur des radiations cosmiques, raconte à propose de Kepler : *« Cela remonte réellement au triomphe, non pas de Copernic, mais au triomphe de Kepler. C'est parce que, après tout, la notion d'épicycles remonte à l'époque où les savants échangeaient leurs opinions. Tout cela a duré jusqu'à ce que nous ayons un véritable croyant et ce fût Kepler... Il croyait réellement en Dieu, le Juge suprême... Et il a dit qu'il doit y avoir quelque chose de plus simple et de plus puissant. Il a eu de la chance ou peut-être qu'il y avait quelque chose de plus profond, mais la foi de Kepler a été récompensée avec ses lois de la nature. Et depuis ce jour-là, cela a été un combat terrible. Mais, au fil des siècles, nous avons constaté que des lois très simples de la nature s'appliquent en réalité. Et alors, l'attente est toujours du côté des savants. Et cela vient essentiellement de Kepler, et Kepler a tiré cela de sa foi... »*

Dans cette partie du livre, nous allons traiter des savants de foi, passés et présents, qui ont fondé, et développé la science moderne, grâce à leurs contributions scientifiques. Tous les savants inclus dans cette partie croyaient que le cosmos et que toutes les formes de la vie avaient été créés par Dieu.

Les paroles de Francis Bacon décrivent l'estime qu'un scientifique de foi porte à tous les êtres créés : *« Comme toutes les œuvres montrent la puissance et les capacités de l'ouvrier... Il en est de même pour les œuvres de Dieu, qui montrent l'omnipotence et la sagesse du Créateur. »*

Dans les versets coraniques, Dieu énonce qu'un des moyens d'acquérir l'aptitude de penser à la création, de craindre Dieu, de reconnaître la création comme venant de Lui et de comprendre Son omnipotence et Son omniscience est "d'acquérir le savoir" :

« Ceux qui ont pris des protecteurs en dehors de Dieu ressemblent à l'araignée qui s'est donnée maison. Or, la maison la plus fragile est celle de l'araignée. Si seulement ils savaient ! Dieu connaît toute chose qu'ils invoquent en dehors de Lui. Et c'est Lui, le Tout Puissant, le Sage. Telles sont les paraboles que nous citons aux gens. Cependant, seuls les savants les comprennent. C'est pour une juste raison que Dieu a créé les cieux et la terre. Voilà bien là une preuve pour les croyants (Coran, 29 : 41-44). *»*

« Et parmi Ses signes, la création des cieux et de la terre, et la variété de vos langages et de vos couleurs. Il y a en cela des preuves pour les savants (Coran, 30 : 22). *»*

« Dieu atteste, et aussi les anges et les doués de science, qu'il n'y a point de divinité à part Lui, le Mainteneur de la justice. Point de divinité à part Lui, le Puissant, le Sage (Coran, 3 : 18) *! »*

« Mais, ceux d'entre eux qui sont enracinés dans la connaissance, ainsi que les croyants, (tous) ont foi à ce qu'on a fait descendre sur toi et à ce qu'on a fait descendre avant toi. Et quant à ceux qui accomplissent la salat, paient la zakat et croient en Dieu, et au Jour dernier, ceux-là, nous leur donnerons une énorme récompense (Coran, 4 : 162). *»*

Les savants de foi dans le passé

par les Drs Henri Lamendin & Xavier Riaud

Selon Roger Bacon (1220-1292), *« La grâce de la foi l'illumine grandement. »* Appelé Docteur Mirabiles (docteur merveilleux) par ses contemporains, Roger Bacon était un scientifique et théologien britannique qui a mis l'accent sur la méthode expérimentale, et mis fin à de nombreuses traditions archaïques pratiquées par la science de son époque.

Bacon avait prévu un grand nombre de percées technologiques qui se sont développées des centaines d'années plus tard, percées qui étaient même complexes, voire difficiles à appréhender pour l'époque. Les bateaux à vapeur, les trains, les voitures, les avions, les grues ainsi que les ponts suspendus sont quelques-unes des innovations qu'il a anticipées au XIIIe siècle. Dans une lettre adressée à un ami, Bacon écrit : *« D'abord, il devrait y avoir des instruments de navigation sans personne pour les régler, de grands navires pour fendre les mers avec un seul homme pour les diriger et ils devraient naviguer bien plus rapidement que s'ils étaient remplis d'hommes ; également, des chariots qui devraient se déplacer avec une force indicible sans créature vivante pour les tirer. »*

Croyant que la lumière a été créée par Dieu pour permettre à l'homme de voir, Bacon a mené des observations à cet effet. Il a défini les caractéristiques extraordinaires des lentilles optiques ainsi que leur champ d'application. Il a été le premier à remarquer que la lumière émise par les étoiles ne parvient pas sur la terre au même moment. C'est lui finalement qui a affirmé que la terre n'est pas plate, mais ronde, et ce, 200 ans avant Christophe Colomb, et avant que l'Inde ne soit atteinte en naviguant à partir de l'ouest de l'Europe.

***

Persuadé que les conclusions auxquelles il était arrivé par ses observations étaient utiles aux hommes de foi, Francis Bacon

(1561-1626) dit : *« Alors cette science, en ce qui concerne la richesse des croyants, est utile, puisque que nous avons vu, dans sa connaissance particulière, le futur, le présent et le passé. »* Bacon, en tant que scientifique, a argumenté que la science n'est pas en contradiction avec la religion, mais que, par contre, elle peut servir d'outil important pour convaincre les non croyants. Il a affirmé : *« ...Cette science a un grand avantage, celui de persuader l'homme à accepter la foi. »*
Bacon, un des fondateurs de la méthode scientifique, est connu pour avoir été un croyant dévoué. Dans son *Novum Organum*, il précise que la philosophie naturelle (la science) est *« après la parole de Dieu, le remède le plus sûr contre la superstition ainsi que le soutien le plus performant de la foi. »*

***

Galilée Galilei (1564-1642) est la première personne à avoir fait usage du télescope pour observer le ciel. Il a soutenu que la terre est ronde et il a été le premier à détecter les régions noires, les cratères ainsi que les collines de la lune. Connu pour sa grande contribution à la science, il croyait que les sens, le langage ainsi que l'intelligence ont été attribués aux gens par Dieu et qu'ils se doivent de les utiliser du mieux possible. Il a soutenu qu'il n'est que trop évident que la nature a été conçue par Dieu. Il a indiqué que la nature n'est rien d'autre qu'un autre livre écrit par Dieu et que l'affrontement entre la vérité scientifique, et la vérité de la foi n'est pas une contradiction puisque Dieu est l'auteur de toute la vérité.
Deux des premiers télescopes de Galilée sont au musée de la Science, à Florence.

***

Johannes Kepler (1571-1630) affirme, quant à lui : *« Puisque nous, les astronomes, nous sommes les prêtres du plus grand Dieu en ce qui concerne le livre de la nature, il nous incombe d'être attentif, non à la gloire de nos esprits, mais plutôt, par-dessus tout, à la gloire de Dieu. »*
Kepler, le père de l'astronomie moderne, a découvert le mouvement elliptique des planètes, a établi une formule permettant de relier la période de l'orbite d'une planète à sa distance moyenne du soleil et a complété les tables astronomiques qui permettent le calcul de la position des planètes à n'importe quel moment du passé ou du futur.

En tant que scientifique, Kepler pensait également que l'univers a été engendré par un Créateur. Quand on lui a demandé pourquoi il pratiquait la science, il a répondu : *« ...J'avais l'intention de devenir théologien... A présent, je vois comment est Dieu, et par mes efforts, je vois aussi qu'Il est glorifié en astronomie, car les cieux déclarent la gloire de Dieu. »*
La vie de Kepler, qui croyait que la gloire de Dieu se manifestait dans toutes ses créatures, est un exemple démontrant toute la réussite et l'ouverture d'esprit qu'un scientifique qui admet l'existence d'un dessein divin dans la nature peut atteindre.
« Qui place les ours blancs et les loups blancs dans les régions enneigées du Nord, et qui y crée aussi des œufs d'oiseaux en tant que nourriture pour les ours, les baleines et, les loups ? », demande Kepler. Il y répond lui-même : *« Notre Dieu est Tout-Puissant et Sa vertu est grande et Sa sagesse ne se compte pas : Le glorifient les cieux, Le glorifient le soleil, la lune et les planètes. Utilisez chacun de vos sens pour Le percevoir, et votre langue pour déclarer votre Créateur. Le glorifient les harmonies célestes, Le glorifient les juges des harmonies découvertes, et, par mon âme, louez le Seigneur, le Créateur, aussi longtemps que je serai, car, de Lui et par Lui et en Lui, sont toutes les choses, les sensibles et les intelligibles ; car, de cela, nous sommes totalement ignorants et ce que nous connaissons n'est qu'une toute petite part ; car il y a bien plus au-delà de cela. À lui les louanges, les honneurs et la gloire, le monde sans fin. »*

***

Ayant découvert la chimie pneumatique et la physiologie chimique, Johannes Baptista von Helmont (1579-1644) a aussi inventé le thermomètre et le baromètre. Walter Pagels, qui a écrit un livre sur les aspects religieux de la science selon von Helmont, rapporte qu'il trouvait l'inspiration pour ses recherches dans ses croyances religieuses.

***

Contribuant à la plus grande innovation en géométrie depuis l'époque des anciens Grecs, Blaise Pascal (1623-1662) était un savant éminent qui a fait des découvertes significatives très tôt dans sa vie. En plus de ses contributions aux mathématiques, Pascal a également fait des découvertes extraordinaires en

physique, réalisé de nombreuses études en mécanique des fluides et de l'atmosphère, et prouvé que la pression atmosphérique varie en fonction de l'altitude.
Célèbre figure de l'histoire des sciences, Pascal était également un homme profondément spirituel. Il fait référence au pouvoir éternel de Dieu quand il dit que Dieu est le Créateur de toutes choses, des mathématiques à l'ordre des éléments.

***

Botaniste britannique de renom, John Ray (1627-1705) était un homme de foi. Il sentait que si l'homme avait été placé sur terre pour refléter la gloire de Dieu dans Ses œuvres, alors il devrait faire attention à chaque chose créée. Dans ses plus jeunes années, incité par cette opinion, Ray s'est engagé dans la recherche scientifique. Il est devenu la plus grande autorité de son époque en botanique et en zoologie. Il a écrit un livre bien accueilli, *The Wisdom of God in Creation* (*La sagesse de Dieu dans la création*). Dans ce livre, où il présente des milliers de plantes, d'insectes, d'oiseaux, d'espèces de poissons et autres, il rapporte que la nature révèle l'existence d'un Créateur.
« Les œuvres de création de Dieu, dit-il, *étaient « les œuvres créées par Dieu au commencement, et conservées par Lui jusqu'à ce jour dans le même état et les mêmes conditions que dans lesquelles elles avaient été d'abord faites ». »*
Ray, qui a apporte une contribution considérable à la botanique, a toujours souligné que la science et la religion s'entrecoupent de plusieurs manières. Son attitude se comprend mieux par ses paroles : *« Il n'y a pas d'occupation plus méritante et délicieuse pour un homme libre que de contempler les œuvres de la nature et d'honorer la sagesse, et la bonté infinies de Dieu. »*

***

Considéré comme le père de la chimie moderne, Robert Boyle (1627-1691) a réalisé un grand nombre de découvertes scientifiques révolutionnaires. Il a établi la relation entre le changement dans la pression appliquée à l'air et le volume occupé par l'air, ce qui est connu aujourd'hui comme la « loi de Boyle des gaz ». Ses autres inventions incluent une sorte de papier PH et un réfrigérateur primitif. Il a démontré que l'eau s'étend lorsqu'elle gèle. La définition moderne du terme « élément » lui revient. Il a contribué également à la théorie de l'atomisme qui stipule que si l'air est compressible, cela est dû au vide existant entre ses particules. En même temps que responsable de ces grandes découvertes, Boyle était un croyant dévoué. Il croyait en l'existence d'un dessein intelligent dans la nature, créée par un Créateur puissant. Boyle nous enseigne dans ses livres et écrits que la science, et la foi en Dieu doivent rester l'une à côté de l'autre. Dans un de ses écrits, il dit : *« Pensez à glorifier celui qui a créé la nature ... Utilisez le savoir afin d'apporter du bien à l'humanité. »* Ailleurs, il mentionne que : *« La perfection des êtres vivants révèle explicitement l'existence de Dieu. L'ingéniosité excellente de ce grand système qu'est le monde, et en particulier les structures singulières des corps des animaux et les utilisations de leurs sens, et d'autres parties, ont été les plus grands motifs pour les philosophes, à toutes époques et dans n'importe quelle nation, de reconnaissance d'une Divinité comme l'auteur de ces structures admirables. »*

***

C'est bien Antoni von Leeuwenhoek (1632-1723) qui a découvert les bactéries. Leeuwenhoek avait l'habitude de polir ses propres lentilles pour examiner des vêtements. Intrigué par ce qu'il a observé, il a commencé à produire d'autres verres grossissants et il devint ainsi le premier homme à voir, et à décrire les bactéries au travers d'un microscope. Son objectif consistant à réfuter l'idée de génération spontanée sans Créateur l'a mené à effectuer d'importantes études scientifiques. Afin d'atteindre ce but, il a étudié le système nutritif des plantes et des animaux, et examiné les spermatozoïdes, le transport des nutriments dans les plantes ainsi que la structure, et la fonction des différents composants des plantes. Les cellules sanguines sont également devenues le sujet de ses recherches. Il a été le premier à étudier les capillaires et à observer les cellules sanguines passer au travers d'eux. Avant Leeuwenhoek, personne n'avait compris que les muscles étaient constitués de fibres.

Leeuwenhoek et les arcanes

par les Drs Henri Lamendin & Xavier Riaud

Antonie van Leeuwenhoek, *Arcana naturae detecta.*

Antonie van Leeuwenhoek, *Arcana naturae detecta. Editio novissima, auctior & correctior.* Leyde, Johan Arnold Langerak, 1722. In-4° [Namur, Bibliothèque universitaire Moretus Plantin, R 18 A 82].

Imprimé à Leyde en 1722, l'édition de l'ouvrage classique *Arcana naturae detecta* présentée ici précède d'un an la mort de son auteur. Il s'agit de la traduction latine, réputée fidèle à l'édition originale publiée en néerlandais. Y apparaissent aussi de nombreuses lettres adressées par l'auteur à la célèbre Royal Society de Londres et à certains de ses membres les plus éminents. Dans ses lettres, van Leeuwenhoek a compilé, avec force détails, un nombre impressionnant, pour l'époque, d'observations variées, réalisées essentiellement durant les cinquante dernières années de sa longue vie et en utilisant des microscopes de sa propre fabrication.

Deux raisons importantes font de ces écrits d'Antoni van Leeuwenhoek des documents uniques en leur genre, se trouvant à l'origine des sciences biologiques modernes.

La première raison concerne l'avènement de la microscopie optique, consacrant par lui-même, l'ouverture des sciences vers ce monde de l'infiniment petit et les informations nouvelles, et essentielles qu'il contient pour la science en général. En effet, par des procédés qu'il n'a jamais dévoilés, van Leeuwenhoek a lui-même produit des lentilles de verre d'une qualité nouvelle qui furent exploitées dans ses microscopes, même si leur conception paraît, de nos jours, plutôt rudimentaire.

Tout porte à croire que, de façon semblable à Robert Hooke (1635-1703) à qui sont adressées plus particulièrement certaines de ses lettres, Antoni van Leeuwenhoek a tiré le meilleur parti

de cette avancée technologique - en l'occurrence, la production de lentilles aux propriétés nouvelles - pour apporter de multiples connaissances pour la science à la charnière des XVIIe et XVIIIe siècles.
Mais, que serait un nouvel instrument performant sans un opérateur curieux, capable d'outrepasser les connaissances précédentes pour rapporter objectivement les observations inédites dès lors autorisées ? C'est dans cette complémentarité que se trouve la seconde raison de l'intérêt particulier porté par la science moderne aux découvertes d'Antoni van Leeuwenhoek.
En effet, malgré la diversité, pour ne pas dire le désordre, avec laquelle ce pionnier de la microscopie a rapporté ce que son regard lui apprenait au travers des lentilles, il a décrit dans le texte et illustré dans les figures accompagnant ses lettres ce que certains considèrent comme étant rien moins que le véritable commencement de la microbiologie, mais aussi de la biologie cellulaire.
Par exemple, van Leeuwenhoek use et abuse, dans ses écrits, du terme *« animalcules »*, ou petits animaux, rapportant dans une lettre du 10 décembre 1681, à la Royal Society, comment certains d'entre eux s'associent, voire s'accouplent.
On admet aujourd'hui qu'Antoni van Leeuwenhoek a ainsi effectué la première observation de ce qui correspond à la conjugaison bactérienne.
Par conséquent, la microbiologie a depuis longtemps reconnu en van Leeuwenhoek, l'un de ses pères fondateurs. Il semble également admis que van Leeuwenhoek a participé à l'émergence du concept de cellule eucaryote. A ce propos, on notera d'abord les rapports étroits entretenus avec le savant anglais Robert Hooke. Prédécesseur de van Leeuwenhoek comme membre de la Royal Society, Hooke passe pour être le premier à avoir utilisé le mot latin *« cellula »*, par allusion à la disposition régulière de cellules de moines, pour décrire des coupes végétales et des cavités microscopiques.
On relèvera ensuite que la première publication de ce qui ressemble à la description d'un noyau cellulaire se trouve dans une lettre de van Leeuwenhoek, datée du 3 mars 1682, lui attribuant ainsi officieusement la découverte du noyau -

découverte à peine moins importante que la découverte de la cellule elle-même.
Pour les nombreux lecteurs du troisième millénaire qui liront certainement avec difficulté cette traduction latine et pour qui la version originale en langue batave ne sera d'aucun secours, la traduction anglaise, bien que partielle, réalisée par Samuel Hoole (1757/58 - 1839) constitue un texte vraisemblablement plus accessible

Leeuwenhoek et Spallanzani

Vers 1665, Antoni Van Leeuwenhoeck, drapier à Delft, en Hollande, fabriqua le premier microscope en superposant des lentilles dans le but d'observer des textiles. Esprit curieux, il observa à l'aide de cet instrument des particules provenant de la surface de sa peau, de sa bouche ou de ses dents, et les dessina.
En 1678, il le fit pour la structure tubulaire de la dentine. Il découvrit et décrivit le premier, le monde microbien. *« Les organismes vivants contiennent des organes constitués de tissus faits de la juxtaposition de cellules. La cellule est une structure physique qu'on retrouve chez tous les êtres vivants. Elle possède un cytoplasme et un noyau limités, l'un et l'autre, par une membrane cytoplasmique ou nucléaire »*.
« C'est un monde prodigieux dans sa diversité qu'il découvre », dont il relate la richesse dans sa correspondance, qui fut présentée les 1er, 15 et 22 février 1677, devant les membres de la Royal Society (Delavault, 1989). À la fin de la même année, Robert Hooke témoigne devant eux de l'exactitude des faits observés et c'est un accord unanime qui salue ces découvertes. La protistologie était née.
Mais, plus étonnant encore, la bactériologie elle-même venait de naître. Car, il est indiscutable que Leeuwenhoek découvrit l'existence des bactéries, dont il signale d'ailleurs que ces êtres, qui se meuvent *« de la façon la plus réjouissante »*, sont si petits qu'il en tiendrait plus d'une centaine, alignés le long d'un grain de sable.
Certains auteurs, tel Kluyver, fixent même la naissance de la bactériologie à la date du 24 avril 1676. Il est vrai que Leeuwenhoek indique souvent, dans ses lettres, les dates de ses observations. On dispose ainsi d'un précieux registre de la chronologie de ses découvertes.

Quelques années plus tard, en 1683, dans sa lettre du 17 septembre, Leeuwenhoek fournira des dessins de bactéries provenant de la plaque dentaire. Ce sont les premières illustrations que l'on possède du monde bactérien. Certes, il ne pouvait en appréhender la signification, mais, à bien des égards, il fait preuve d'une profonde intuition en estimant que ces êtres eux-mêmes doivent intervenir dans le système des équilibres du monde vivant...

Leeuwenhoek étudiera les spermatozoïdes chez une trentaine d'espèces de vertébrés et d'invertébrés : mammifères (rat, chien, mouton...), oiseaux (coq), amphibiens (grenouille), poissons (brochet, perche, saumon...), insectes (hanneton, moustique, pou...) ou encore mollusques (huître, moule d'eau douce...). Il consacrera encore son attention à cette étude, en 1717, alors qu'il atteignait l'âge de 85 ans.

Dans une de ses lettres en date du 26 juillet 1683 sur ces « animalcules », il fait une comparaison intéressante. Ayant estimé que, dans la semence d'un merlu, dix mille de ces *« petits animaux à longue queue »* peuvent être contenus dans un grain de sable, il en déduit que la laitance d'un de ces poissons contient, à elle seule, plus de petits animaux vivants qu'il n'y a d'hommes vivants sur toute la surface du globe...

On doit évoquer la contribution qu'apporta Leeuwenhoek, à sa manière, dans la controverse sur la génération spontanée, qui ne devait s'éteindre définitivement qu'avec les remarquables recherches de Pasteur.

Il a participé directement aux recherches visant à trancher sur cette question. En effet, dès 1676, quand il eut observé les animalcules grouillant dans l'eau, il s'était d'abord demandé s'ils naissaient spontanément d'*« une ségrégation fortuite des particules de l'eau »*, mais, très rapidement, il abandonna cette idée et avança que ces animalcules, ou tout du moins leur précieuse « semence », préexistaient dans le milieu où il les avait décelés.

Les végétaux eux-mêmes ne devaient pas être oubliés par Leeuwenhoek. Ainsi, dans les *Arcana naturae*, regroupant tout un ensemble de lettres, il décrit les vaisseaux ponctués et réticulés. Il étudie les faisceaux libéro-ligneux des monocotylédones et des dicotylédones, et note leur disposition éparse chez les premières, et leur distribution circulaire chez les

secondes. La présence d'amidon, de formations cristallines ne lui a de plus pas échappé.
Pour avoir une idée de la puissance d'observation de Leeuwenhoek, reprenons ici, ce que Baker écrit dans son chapitre consacré aux « feuilles » : *« M. Leeuwenhoek, ayant mis en pièces une feuille de l'espèce de buis nommée palmaceris, pour pouvoir mieux l'examiner, trouva dans l'un de ses côtés 172 090 pores, et, comme l'autre côté devait en avoir autant, le nombre entier des pores dans une feuille simple de buis devait être de 344 801 ».* On sait désormais comment Leeuwenhoek a pu observer, avec autant de précision, toutes ces structures. Les découvertes de Ford montrent en effet que Leeuwenhoek sut maîtriser la confection des coupes fines au rasoir, dès l'année 1674, au début de ses recherches.
Il fondait ainsi la microtomie, encore que son mérite soit partagé avec Robert Hooke, dont des dessins des « cellules » du liège ont été réalisés à partir de l'observation de coupes transversales et longitudinales, et assurément avec Marcello Malpighi (1628-1694), et Nehemiah Grew (1641-1712), qui étudièrent de nombreuses coupes de végétaux.
Mais, Leeuwenhoek conserve le privilège d'avoir étendu la méthode des coupes au matériel animal. Découvrant les « globules » sanguins, les êtres unicellulaires, les bactéries, la reviviscence, Leeuwenhoek a aussi fourni une contribution décisive au problème de la circulation du sang, à l'identification des spermatozoïdes.
Histologiste et cytologiste, il a jeté les bases de la micrographie avec Hooke, Malpighi, Grew, science qui se développera tout au long du XVIIIe siècle.
On voit que Leeuwenhoek eut une *« carrière scientifique étonnante »*, d'autant plus qu'il n'était pourvu d'aucun grade universitaire, d'aucune formation, ne possédant pour s'exprimer que sa langue natale en un temps où l'ignorance du latin ne permettait guère de considération.
Mais, ce désavantage, qui pouvait faire obstacle à sa réussite, devait bien au contraire la favoriser, car il a échappé à tout esprit d'école et n'a pas dû subir la contrainte des doctrines de son temps alors en vigueur.
Sa renommée fut mondiale et l'on sait qu'il fut élu membre de la Royal Society. Les grands d'alors, souverains d'Angleterre, de

Russie ou d'Allemagne ont sollicité la faveur de le rencontrer à Delft (1).
Deux ans après sa mort, en 1747, le 29 mai, au St Lucas Guildhall de Delft, la plupart des quelque quatre cents appareils et lentilles qu'avait confectionnés Antoni van Leeuwenhoek furent mis en vente aux enchères publiques… Trois microscopes étaient en or. Ils furent acquis au poids du métal.
On ne connaît plus actuellement que neuf microscopes dont trois sont en argent. On en trouve un au musée Boerhaave de Leyde, un autre au Deutsche Muséum de Munich et le dernier à Rotterdam chez un particulier. Six sont en cuivre. Il en est un au musée de l'université d'Utrecht, un autre se trouve à Anvers au Van Heurckmuseum, un troisième, sans lentille, à Delft, au laboratoire de microbiologie, un quatrième, au musée Boerhaave de Leyde, un cinquième, au Deutsche Muséum de Munich et le dernier de ces six microscopes, à Rotterdam, au titre d'objet personnel.
On peut encore voir aussi à Leyde, un exemplaire d'«aalkijker» (visionneuse d'anguilles) sur une vingtaine fabriquées. À cet égard, il est paru une excellente brochure intitulée *Beads of glass : Leeuwenhoek and the early microscope*, à l'occasion d'une exposition tenue à Leyde, au musée Boerhaave, de novembre 1982 à mai 1983.
Pour qui veut connaître les grossissements de ces microscopes encore existants, il convient de consulter l'article de J. van Zuylen, « The microscopes of Antoni van Leeuwenhoek », in *Journal of Microscopy*, 121, 309-328, 1981 (2).
Antoni van Leeuwenhoek réalise en 1668, un microscope d'une seule lentille, ou microscope simple, mais bien plus performant que nombre de microscopes de l'époque, car il pouvait grossir près de 300 fois : *« Une lentille formée d'une minuscule bille de verre sertie dans une lame métallique. L'échantillon était placé sur une pointe métallique, solidaire du support et que l'on déplaçait face à la lentille pour en explorer le contenu. L'ensemble était tenu très près de l'œil, face à la lumière, et permettait d'obtenir des grossissements allant jusqu'à trois cents fois. Un tel procédé permet d'observer des objets de quelques micromètres (1 µm = 1 millième de mm) et est donc suffisant pour observer des cellules qui mesurent, en général, quelques dizaines de micromètres. »*

Leeuwenhoek et son microscope

Antoni van Leeuwenhoek fut un grand explorateur même si son nom n'est guère connu du public. Il entreprit l'exploration d'un monde encore insoupçonné et les descriptions qu'il en fit lui valurent de devenir membre de la Royal Society de Londres. C'est en utilisant des perles de verre comme compte-fils qu'il eut l'idée de partir à la découverte du monde microscopique caché dans les dépôts entre ses dents, dans l'eau des mares ou dans son sperme. Cette dernière observation fit sensation dans la bonne société cultivée européenne, car personne n'aurait pu imaginer qu'il y avait, dans la semence, des animaux et de l'homme, des *« animaux semblables à des têtards. »*

Les instruments utilisés pour cela étaient très simples : une lentille formée d'une minuscule bille de verre sertie dans une lame métallique. L'échantillon était placé sur une pointe métallique, solidaire du support, que l'on déplaçait face à la lentille pour en explorer le contenu. L'ensemble était tenu très près de l'œil, face à la lumière, et permettait d'obtenir des grossissements allant jusqu'à trois cents fois. Un tel procédé permet d'observer des objets de quelques micromètres (1 µm = 1 millième de mm) et sera donc suffisant pour observer des cellules qui mesurent, en général, quelques dizaines de micromètres. Il faut d'ailleurs signaler que, si van Leeuwenhoek a observé et décrit de nombreux types de cellules, il n'a pas réalisé que tous les êtres vivants sont formés d'un assemblage plus ou moins complexe de ces unités. Aujourd'hui, chacun sait que tous les organismes vivants sont formés de cellules. On parle à la télévision de cellules cancéreuses, de cellules sanguines, de neurones, etc. Toutefois, il ne suffisait pas d'observer ces cellules pour comprendre qu'elles constituent les unités de structure et de fonctionnement des êtres vivants. Il ne faut donc pas s'étonner qu'il ait fallu deux cents ans entre les

premières observations de cellules correctement décrites et l'élaboration de la « théorie cellulaire » de Schwann, théorie qui souffrait d'ailleurs de nombreuses imperfections.
Quoiqu'il en soit, les observations de van Leeuwenhoek ont ouvert un nouveau monde et l'exploration microscopique du monde vivant fut une base indispensable aux développements ultérieurs des sciences de la vie.

Leeuwenhoek et des planches

Les planches présentées ici ont été composées à partir des documents parus dans « *Aile de Brieven van Antoni van Leeuwenhoek* », avec l'aimable autorisation de l'éditeur Swets & Zeitlinger, Lisse, Pays-Bas (Delavault, 1989).

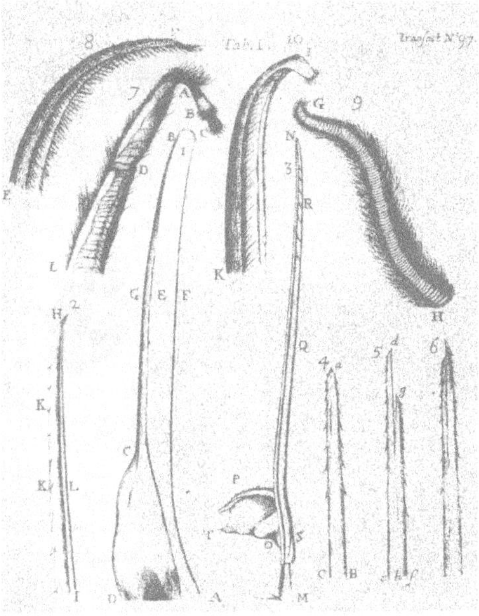

Premières observations
Dard (1 à 6) et pièces buccales (7 à 10) de l'abeille (lettre du 28 avril 1673)

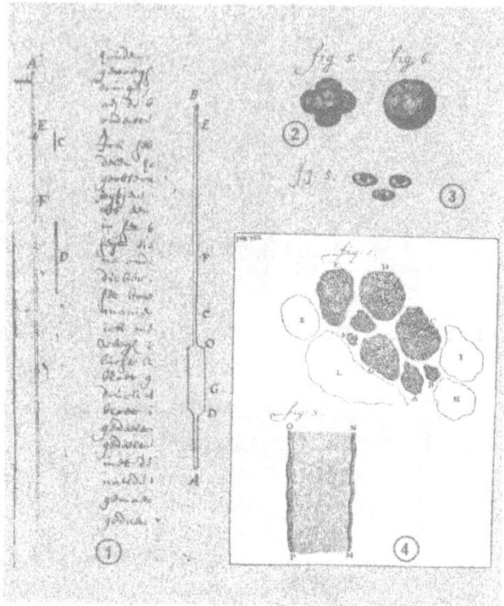

Observations sur le sang et microtomie

1 : Tubes capillaires et tube avec petite ampoule utilisés pour l'examen du sang (lettres des 1er juin et 6 juillet 1674).
2 : Globules sanguins humains (lettre du 9 juillet 1700).
3 : Érythrocytes du sang de poisson (lettre du 3 mars 1682).
4 : Coupes transversales et longitudinale de fibres nerveuses (lettre du 26 mai 1717).

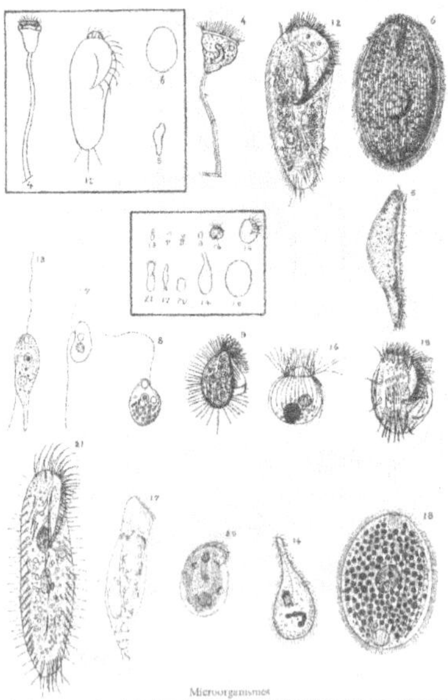

Microorganismes

Dessins contemporains exécutés d'après les descriptions faites dans la lettre du 9 octobre 1676 et, en encadrés, les dimensions relatives de ces microorganismes (d'après Pl. IV et V ajoutées dans la parution du Recueil des lettres). Identification : 4 : *Vorticella* - 12 : *Stylonychia* - 6 : *Prorodon* - 5 : *Hypotricha* - 13 : *Monas (Cercomonas ? Cercobodo ?)* - 7 : *Monas (Bodo ?)* - 8 : *Oicomonas* - 9 : *Cyclidium* - 16 : *Mesodinium* (?) - 19 : *Euplotes* (?) - 21 : *Oxytricha* - 17 : Rotifère *(Pleurotrocha ? Theorus ?)* - 20 : *Chilodon* - 14 : *Dileptus* - 18 : *Holophrya* (d'après les notes insérées dans le Recueil des lettres).

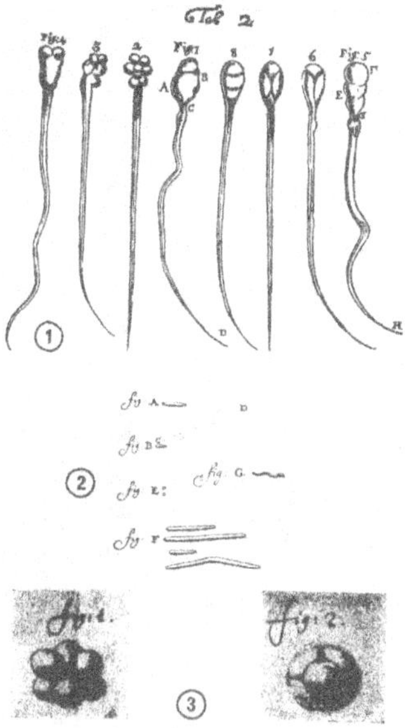

Spermatozoïdes. Bactéries. Levure

1 : Dessins de spermatozoïdes humains (de 1 à 4) et du chien (de 5 à 8) (lettre du 18 mars 1678).
2 : Bactéries dentaires (d'après les figures XIII a et XIII b, Pl. X, de la lettre du 17 septembre 1683).
3 : « Globules » de levure (lettre du 14 juin 1680).

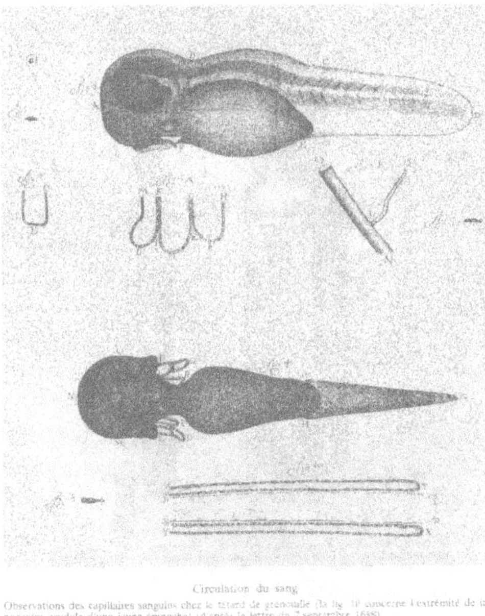

Circulation du sang

Observations des capillaires sanguins chez le têtard de grenouille (la fig. 10 concerne l'extrémité de la nageoire caudale d'une jeune épinoche) (d'après la lettre du 7 septembre 1688).

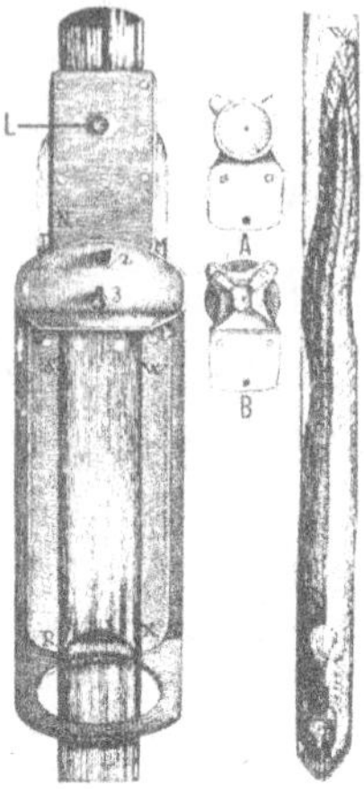

Aalkijker construit et utilisé par Leeuwenhoek

L : lentille. Au milieu, A : petite coupe de cuivre, percée d'un orifice, qui était fixée entre la lentille et le tube de verre contenant l'animal. Cette coupe permettait d'éviter une diffusion préjudiciable de la lumière. B : face postérieure.

(tiré des dessins de la Lettre du 12 janvier 1689, reproduits sur la planche V de : « *Alle de brieven van Antoni van Leeuwenhoek* »)

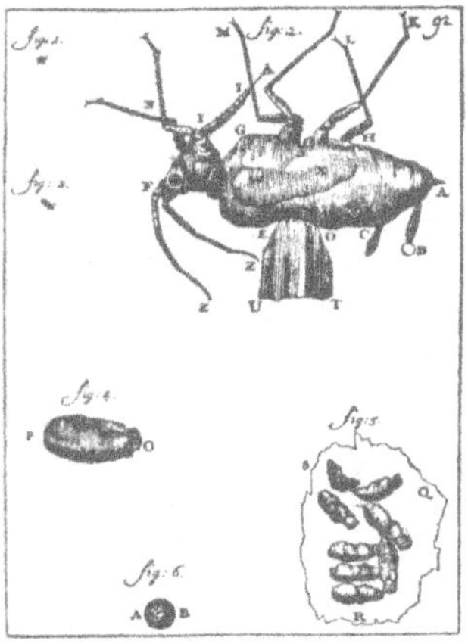

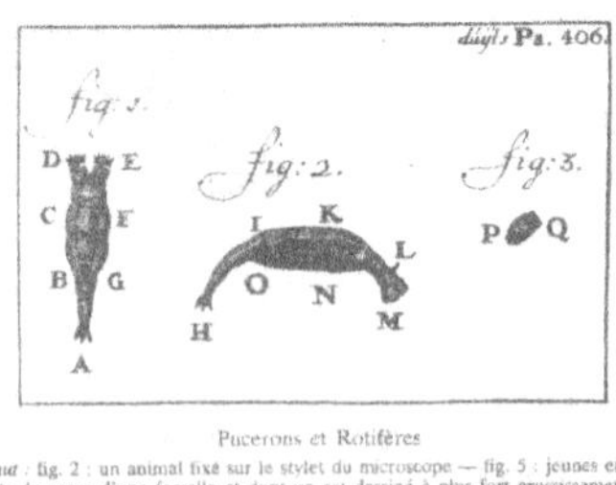

Pucerons et Rotifères

En haut : fig. 2 : un animal fixé sur le stylet du microscope — fig. 5 : jeunes embryons extraits du corps d'une femelle et dont un est dessiné à plus fort grossissement sur la fig. 4 (lettre du 10 juillet 1695).

En bas : Reviviscence des Rotifères. Fig. 1 et 2 : animaux en état de vie active — fig. 3 : animal en état de vie ralentie (lettre du 9 février 1702)

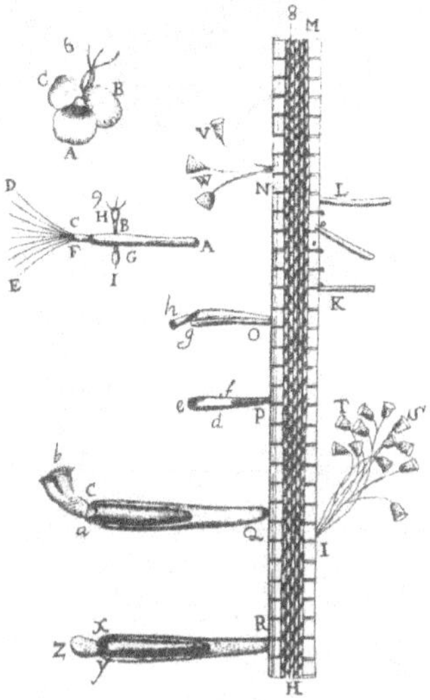

Hydres d'eau douce

En haut à gauche : une lentille d'eau et, au-dessous, une hydre portant deux bourgeons. Sur l'autre dessin figurent, à gauche, des Rotifères, et à l'opposé, des Vorticelles (d'après la lettre du 25 décembre 1702).

Leeuwenhoek et les spermatozoïdes

par les Drs Henri Lamendin & Xavier Riaud

C'est Antoni van Leeuwenhoek qui, grâce à son microscope, découvrit les spermatozoïdes. Ainsi, écrit-il en 1669 : *« Je déclare catégoriquement que le sperme d'un animal mâle possède la forme d'un corps humain, mais je ne peux pas me figurer que l'intelligence de quelqu'un puisse un jour pénétrer dans ce mystère si profond autrement que par la dissection de la semence mâle d'un de ces animaux, qui nous mettra en état de voir ou de découvrir la forme d'un corps humain dans sa totalité. »* Il reprend les préceptes d'Aristote. Les spermatozoïdes du mâle sont à l'origine des animaux et la femelle ne sert que de réceptacle en apportant la matière.

Ce fut l'abbé Lazzaro Spallanzani (1729-1799) qui démontra expérimentalement le rôle du sperme dans la fécondation, en mettant des pantalons à des grenouilles mâles. Il a pu observer que, lors des accouplements, les œufs ne se développent pas et qu'en prélevant le liquide contenu dans les pantalons, il put féconder les œufs. Malgré cela, comme il était ovuliste, il pensa que les spermatozoïdes n'étaient pas indispensables à la fécondation, mais apportait une « force spermatique » qui permettait le développement de l'embryon. Il réfuta la théorie de la génération spontanée.

Carl von Linné (1707-1778), quant à lui, pense que tout organisme provient d'un œuf, mais qu'il a besoin d'un spermatozoïde pour se développer : *« L'origine d'un descendant n'est pas seulement un œuf et n'est pas davantage le pollen ou le sperme, mais les deux réunis engendrent en même temps des bâtards animaux, la raison et l'architecture du corps. »*

« ... Un des plus influents penseurs scientifiques du XXe siècle, le philosophe austro-britannique Karl Popper (1902-1994), a expliqué qu'une œuvre scientifique est inutile si elle ne peut pas être développée davantage en étant critiquée ».

Un aveu du caractère heureux et simple de la vie sous l'Ancien Régime, à une époque où la logique productiviste du libéralisme industriel bourgeois ne s'était pas encore imposée à l'ensemble des hommes, nous est fourni par Albert de Haller (1708-1777), ou Albrecht von Haller, médecin, savant, philosophe, théologien, poète et homme politique. *« Une Nature qui est doublement naturelle : comme culture humaine et comme nature physique »*. Haller a entrepris son premier voyage dans les Alpes en juillet et août 1728, alors qu'il se trouvait à Bâle pour assister aux cours du mathématicien Jean Bernoulli (1667-1748). Haller avait suivi sa formation universitaire à Tübingen et à Leyde, de mars 1723 à juillet 1727, puis avait séjourné pendant environ un mois, en Angleterre, et avait passé l'automne et l'hiver, à Paris, avant d'arriver à Bâle, au printemps 1728. Si, durant ces années de formation à l'étranger, il s'est surtout consacré à l'anatomie, son intérêt pour l'étude des plantes s'est accru pendant son séjour bâlois.
Albrecht von Haller était persuadé que l'embryon du poulet est déjà présent dans l'œuf avant la fécondation. À part certains, appelés *« animalculisti »,* comme van Leeuwenhoek, qui étaient persuadés, au XVIIe siècle, pouvoir admettre la préforme de l'embryon dans le petit vers spermatique, *vermicello spermatico*, les préformistes étaient généralement du parti des *« ovisti »* de Malpighi et de Swammerdam au XVIIe siècle, pour ne citer que les plus célèbres, de Haller et de Spallanzani au XVIIIe siècle... (Pericle di Pietro, *Lazzaro Spallanzani*, Modena Aedes Muratoriana, 1979).
Dans la préface de sa seconde flore de Suisse, *l'Historia stirpium* publiée en 1768, soit quarante ans après son premier voyage dans les Alpes, von Haller donne une liste de ses voyages botaniques au début de laquelle il explique qu'il a commencé à s'intéresser à l'étude des plantes afin de se procurer de l'exercice physique : *« C'est à Bâle qu'au printemps 1728, je commençai à m'occuper des plantes. Je me destinais à l'importante science de la médecine ; j'aimais les livres et la vie sédentaire : je ne me dissimulais point que si je me livrais à des études non interrompues, ma santé n'en souffrît beaucoup; je réfléchis donc aux moyens de secouer cette paresse littéraire, et je n'y trouvai pas de meilleur remède que l'étude de la botanique, qui me forcerait à faire de l'exercice. »*

Leeuwenhoek et le Vorticella

Les sangsues et les vers de terre fabriquent un cocon par la sécrétion de mucus, et pondent leurs œufs à l'intérieur. Après quelques jours, le mucus se durcit en une gélule de protection qui est remarquablement résistante aux changements de température et aux attaques chimiques. Ces cocons se fossilisent très bien et les paléontologues en ont découvert de nombreux fabriqués par les sangsues préhistoriques, qui datent de l'époque où les dinosaures du Trias ont fait leur première apparition.
Pour Benjamin Bomfleur de l'université du Kansas, ces cocons sont une mine d'informations du passé. Dans un échantillon, de 200 millions d'années, il a trouvé les restes d'une créature microscopique au corps mou qui serait normalement impossible à figer dans le temps.
Dans le cocon de la sangsue, il a trouvé une place dans le présent. Ce résident du cocon est un cilié, d'un groupe de microscopiques eucaryotes unicellulaires présents dans l'eau du monde entier. Les ciliés ont un riche patrimoine scientifique. Le premier a été vu en 1674, par Antoni van Leeuwenhoek, le père de la microbiologie, qui l'observa avec ses microscopes fabriqués à la main. Il a ensuite été nommé en 1767, par Carl von Linné, le père de la taxonomie, qui l'appela *« Vorticella »*.
Le Vorticella ressemble à une cloche inversée qui se fixe sur des surfaces avec une longue tige. La tige peut s'enrouler rapidement dans la cloche, qui se trouve par ailleurs dans les particules d'eau qu'il filtre. Dans de rares cas, il peut se détacher de sa tige et nager librement.
Van Leeuwenhoek l'a décrit comme un *« animalcule cloche »* et Bomfleur l'appelle d'ailleurs ainsi. Ce nom incite à confusion. Les ciliés sont des protozoaires et appartiennent à un royaume à part entière de vie des animaux. Nous savons très peu de choses sur la façon dont ils ont évolué. En partie, parce que les ciliés ont un corps mou, sans aucun des composants

durs comme les os et les dents qui se fossilisent assez bien. En cela, ils rejoignent la majorité de la vie sur cette planète. Leur corps frêle a disparu quand ils sont morts, pour laisser un grand vide dans les archives fossiles. Les très rares occasions où les scientifiques trouvent des vestiges antiques de ces étranges formes de vie, c'est lorsqu'ils tombent dans des pièges de *« conservation »*, comme la sève des arbres qui les recouvrent rapidement avant la désintégration de leurs cellules (Guru Meditation, 09/12/2012).

Leeuwenhoek et la reproduction asexuée

En 1701, vers la fin du mois d'août, Antoni, ce matin-là, a dressé une échelle contre la façade de sa maison donnant sur le petit jardin. Il doit nettoyer les gouttières avant que viennent les premières averses de l'automne. Tenant à la main un petit seau où il a déposé une truelle, il gravit les premiers barreaux quand son voisin l'interpelle : *« Eh ! Monsieur Leeuwenhoek, toujours aussi agile à votre âge ! Qu'espérez-vous trouver dans vos gouttières pour exciter encore votre curiosité ? Des petites bêtes sans doute. Tout Delft sait que vous en avez vues autant que Dieu a pu en créer... Je ne m'y connais guère, mais je crains fort que cette fois-ci vous n'y voyiez goutte... L'été ardent a tout desséché.*

- *Mon ami,* répond Antoni, *je monte tout bonnement curer le fond de mes gouttières.*

- *Vous avez raison, monsieur mon voisin,* commente le bonhomme, *d'avoir choisi une aussi belle journée pour votre travail de nettoyage ; à tout prendre mieux vaut avaler un peu de poussière que de se crotter les mains dans la boue. »*

Avec sa truelle, Antoni racle le fond des gouttières et jette leur contenu dans le seau pendu à sa ceinture. Alors qu'il poursuit cette tâche monotone, la réflexion de son voisin fait surgir dans sa mémoire le souvenir des animalcules qu'il avait autrefois décrits à ses amis de Londres. Cela remontait à presque quarante ans ! Mais, il n'avait jamais pensé qu'en été, la boue des gouttières se dessèche. À l'évidence, ces animalcules devraient y mourir. *« A moins,* pense-t-il, *qu'il ne demeure dans les gouttières, quelques recoins humides, abrités, leur servant de refuge ».*

Le voici qui fouille, l'œil aux aguets. Il descend de son échelle, la déplace, remonte : *« Enfin,* murmure-t-il, *voici peut-être ce que je cherche. »*

Il aperçoit, à l'angle du toit, un petit amas rougeâtre qui lui paraît humide. Il y glisse la pointe de sa truelle, le tâte du doigt. *« Fort bien ! »* dit-il, satisfait.
Ayant rejoint tout aussitôt son bureau, ce qu'il voit au microscope le conforte dans son idée. Des animalcules s'agitent bel et bien devant son œil. Il ne s'attarde guère à les regarder. Il pense : « Bien sûr ! Les animalcules que je vois ici ont trouvé assez d'eau pour vivre, mais beaucoup d'autres assurément n'ont pu gagner un abri humide. Si la sécheresse gagne toutes les gouttières, nul doute que meurt tout ce petit monde... »
Il se lève à regret. *« Je n'ai pas nettoyé une gouttière qui paraissait souillée de poussière fort sèche. Dommage que les échevins m'aient convoqué cette semaine, je l'aurais visitée de suite... Enfin ! Dieu veuille que les jours prochains soient aussi ensoleillés qu'aujourd'hui... »*
De fait, huit jours plus tard, Antoni n'aperçoit, après des heures d'observation, que deux animalcules vivants. Après avoir posé son microscope, il est sûr d'avoir pensé juste : ces animalcules meurent au cours de l'été. Ceux qu'il découvre sont sans doute parmi les plus robustes. Ils n'auraient guère tardé à mourir, comme les autres... Il allait quitter son bureau quand, tout à coup, il s'exclame : *« Mais alors,* s'écrie-t-il, *si toutes ces créatures meurent au cours de l'été, comment expliquer qu'elles apparaissent dans l'eau des gouttières, la pluie revenue ? »*
Dans sa tête, tourne et retourne l'éternelle et lancinante question : *« D'où naissent ces animalcules ? »*
Assis devant sa table, la tête entre les mains, il sent la lassitude l'envahir quand une idée subite lui traverse l'esprit.
« Si j'ajoutais de l'eau dans cette boue sèche, qu'adviendrait-il ? Après tout, c'est bien ce que la nature offre chaque année. Les gouttières se dessèchent avant de recevoir ensuite les eaux qui vont y circuler. Certes, je les nettoie, mais il ne manque pas de recoins où, malgré mes soins, ne demeure quelque trace de poussière. »
C'était le 2 septembre 1701. Antoni van Leeuwenhoek a pris un tube de verre, y a versé un peu d'eau qu'il a tirée de sa citerne. Il y laisse tomber une pincée de la poudre récoltée dans la gouttière. Une heure plus tard, il a saisi son microscope. Une vigoureuse exclamation de surprise accompagne son premier coup d'œil. « Mon Dieu ! Quelle vie là-dedans ! »

Regardant très attentivement cette fois, il retrouve ces animalcules bien vivants, avec leur minuscule roue sur la tête, qui tourne pour le plus grand plaisir de ses yeux... Il quitte son bureau à grands pas. Impatient, il rejoint son petit jardin et appelle son voisin : *« Voisin, avez-vous un instant à m'accorder ? »*

Le brave homme se rapproche. *« Monsieur Leeuwenhoek, que vous arrive-t-il ? Rien de fâcheux, mon ami. Vous souvenez-vous qu'il vous paraissait incongru de prétendre que des êtres vivants gîteraient dans la poussière de mes gouttières ? À la vérité, cher voisin, j'ai ouï dire que les déserts ne sont guère propices à entretenir la vie.*

- Détrompez-vous, je quitte à l'instant mes lentilles grossissantes. Dans cette poussière où j'ai ajouté un peu d'eau, grouille tout un monde !

- En somme, répond le bonhomme, *vous avez fait ressusciter des petites bêtes.*

- Je ne sais, je ne sais si elles étaient mortes, mais je les vois aussi bien que je vous vois ici devant moi.

- Eh bien, monsieur Leeuwenhoek, voici un nouveau sujet de réflexion. Vous n'en manquez pas à ce qu'on dit. Je souhaite qu'il ajoute encore à votre célébrité. »

Dans la soirée, Antoni confie à Maria, sa nouvelle découverte.

« À ton avis, étaient-elles mortes ? Mon voisin prétend que je les ai ressuscitées ! »

Elle est futée, Maria. Elle s'amuse de cette résurrection. Elle est d'humeur à taquiner son père.

« Père, pourquoi ne pas essayer de les tuer pour de bon. Étiez-vous certain que toute l'eau avait quitté les poussières ? Desséchez vous-même ces pauvres créatures, et, ajoute-t-elle en riant, *si elles n'en meurent pas, elles ne devraient pas craindre grand-chose, puisque vous pourrez toujours les réhumecter ... !*

- Dieu, Maria, quel bon conseil ! Allons dîner. »

Dès le lendemain, Antoni expose, à l'air, les animalcules et attend que l'eau soit entièrement évaporée. Entre temps, il observe que les animaux se rétractent lentement, se roulent en boule, réduisent leur taille et s'immobilisent. Puis, il les reprend, les remet dans l'eau. En moins d'une demi-heure, ils ont retrouvé leur taille, leurs formes et repris leurs mouvements.

Maria, aux côtés de son père, avait suivi le sort des curieuses créatures.
« Père, questionne-t-elle, *pensez-vous qu'elles étaient mortes ?*
- C'est une énigme, ma fille. Je crois plutôt qu'elles se contractent et se protègent par leurs enveloppes de la sécheresse qui peu à peu les entoure. De la mort, Maria, ne saurait surgir la vie. »
Antoni van Leeuwenhoek avait découvert la reviviscence des Rotifères. Il la décrit dans sa lettre du 9 février 1702, adressée à un haut dignitaire, Hendrick van Bleyswyk. Il écrit en particulier : *« De toutes ces observations, on retient l'incompréhensible perfection, l'ordre exact et le soin providentiel avec lequel le Créateur de l'Univers a créé ces animalcules... afin de préserver leur existence. »*
Il trouvait ici l'occasion de nier une fois de plus, toute idée de génération spontanée quand il ajoute : «... La préservation de ces espèces, à cette occasion, nous frappe d'émerveillement et nous persuade plus sûrement encore de l'absurdité des anciennes opinions qui défendent la production de créatures vivantes par la corruption ou la putréfaction. »
D'autres surprises attendaient Antoni en cette même année 1702. Il avait pris l'habitude, quand il quittait son logis et gagnait les environs de Delft ou son verger, d'accrocher à sa ceinture un petit sac de toile où il déposait ses récoltes faites au hasard des chemins. Quelques fioles et leurs bouchons, deux ou trois boîtiers à couvercle de verre, une épuisette de tulle fin à peine plus large que la main et au court manche de léger bambou, formaient son modeste bagage. Il lui suffisait. Les mains libres, l'œil attentif, il furetait dans les buissons et les herbes, capturait un insecte, arrachait des touffes de mousse qu'il secouait sur sa paume pour en faire tomber les êtres minuscules réfugiés dans ce petit monde végétal, plongeait son épuisette dans les mares, les ruisseaux, les recoins des canaux.
Aujourd'hui, il a recueilli des lentilles d'eau dans une de ses bouteilles. Elles ont éveillé sa curiosité à les voir qui flottent en foule et ondulent doucement sous la brise, à la surface de l'eau d'un grand bac du verger. *« Ces herbes à canards,* songe-t-il, *sont si petites que je n'aurai nulle difficulté à les faire tenir dans un tube, derrière mes lentilles. Je suis curieux de savoir si elles possèdent des racines ».*

De retour, il a posé la fiole sur le rebord intérieur d'une fenêtre. Le lendemain, alors qu'il entre dans sa pièce, un rayon de soleil éclaire la paroi du fragile aquarium où les lentilles d'eau ont gagné la surface. Il choisit une pince, se penche, cherche à saisir délicatement une petite plante qu'il aperçoit offerte au-dessus des autres. Brusquement, il interrompt son geste. Dans le flacon, sur la paroi, il découvre des petites formes allongées, ténues, tels des fils. Elles oscillent doucement, s'allongent, se raccourcissent, se déploient, se rétractent ...
« *À n'en pas douter,* se dit-il, *ce sont de petits animaux puisque ces créatures bougent. À les observer, ma matinée sera bien remplie.* »
Antoni a posé le flacon sur un petit banc de bois qu'il a calé sur le rebord de la fenêtre. Il tire à lui une chaise, s'y assied, approche sa lentille de la paroi du flacon.
« *Dieu que c'est curieux,* pense-t-il, *je ne connais pas encore cet animalcule. Sans doute, a-t-il quitté une de ces petites feuilles que j'avais récoltées. Il est venu se fixer ici, attiré par les rayons du soleil... Quel beau corps allongé ! Quelles fines cornes ! Il les agite en tous sens, semblant palper tout autour de lui dans ce petit univers liquide ...* »
En silence, il savoure ce nouveau spectacle. Tout à coup, devenant plus attentif et retenant son souffle, il lui semble voir un autre petit animal accroché sur celui qu'il observait. Il ne possède que quatre minuscules cornes, alors que l'autre en montre huit bien plus longues. Sans aucun doute il doit être plus jeune. Il cesse un moment de regarder. Son œil est douloureux d'avoir fixé pendant de longues minutes sa nouvelle découverte. Il réfléchit : « *Ce petit animal est né depuis peu. A l'évidence, je devrais trouver des œufs non éclos* ».
Son visage s'assombrit. « *Cela me rappelle de bien mauvais souvenirs,* grommelle-t-il, *en pensant aux œufs des pucerons qu'il n'a jamais découverts.* » Il monologue : « *Ce jeune animal a dû quitter l'enveloppe de son œuf pour venir se fixer sur le corps de sa mère.* »
Il a repris son microscope. Il fait tourner lentement le flacon. Bientôt, un autre animal portant une minuscule bosse sur le corps se présente à son œil. « *Diable,* murmure-t-il, incrédule, *est-ce un œuf ? Ce n'est tout de même pas un œuf qui s'est*

déplacé pour venir se coller contre le corps de cette autre bestiole. À moins qu'elle ne ponde ainsi ? »
Il se fait plus attentif : *« À la réflexion, on jurerait plutôt qu'il s'agit d'un bourgeon comme il en pousse sur les rameaux au début du printemps. C'est pour le moins curieux ! »* Dans l'après-midi, patiemment, il poursuit ses observations dans des tubes de verre qu'il a fixés sur le stylet de plusieurs microscopes qu'il manie tour à tour. Il a fait venir son dessinateur.
« Ah, commente-t-il tout à coup, *voici encore un de ces petits bourgeons ... »* Pendant des heures, il suit l'évolution de l'étrange boursouflure. Il la voit grossir, se transformer avec deux cornes. À regret, ce soir-là, il cesse d'observer, bien décidé à retrouver ce petit animal dès le lendemain matin. Au matin donc, celui-ci a grandi. Il porte maintenant quatre cornes. Antoni, sans relâche, continue à regarder. Il voit apparaître huit cornes. Puis, à sa grande stupéfaction, quelques heures plus tard, il constate que l'animal se détache et, libre dans l'eau du tube, flotte doucement avant d'aller se fixer sur la paroi de verre. *« Décidément,* se dit-il, *c'est une mère qui donne ainsi naissance à son petit... Je n'en puis douter. Il s'agit bien d'une reproduction. Mais, où est encore le père dans cette affaire ? J'assiste une fois de plus à des phénomènes bien étranges ... »*
On comprend le trouble d'Antoni van Leeuwenhoek tant était ancrée, dans son esprit, l'idée que les mâles sont indispensables à toute procréation. Malgré tout, très honnêtement, dans une lettre du 25 décembre 1702, envoyée à Londres, il ne dissimule rien de sa conviction. Il a bel et bien assisté à une reproduction, car il écrit : *« Et trois heures plus tard, ce petit animal quittait le corps de sa mère ».*
Il ne savait pas qu'il venait d'observer, le premier, sans pouvoir l'expliquer, la reproduction asexuée par bourgeonnement chez l'hydre d'eau douce, ou encore *Hydra vulgaris*, retrouvée chez cet animal, un demi-siècle plus tard par Abraham Trembley, qui découvrira aussi ses étonnantes facultés de régénération. Ce dernier a étudié ses hydres aux environs de La Haye, à Serguliet, ville située à quelques lieues de Delft, alors qu'il était précepteur dans la famille du comte de Bentinck.

Leeuwenhoek et l'abiogenèse

par les Drs Henri Lamendin & Xavier Riaud

Leeuwenhoek, puis Spallanzani, presqu'un siècle plus tard, sont tous deux intervenus, dans la chaîne des recherches sur l'abiogenèse. La génération spontanée, ou abiogenèse, est la plus ancienne des théories concernant l'origine du vivant sur Terre. Selon cette théorie, certains êtres vivants inférieurs, particulièrement les insectes, se reproduisent sous l'effet de facteurs physico-chimiques à partir de substances inorganiques. Ainsi, dans la Chine ancienne, on croyait que les bambous généraient des pucerons. En Inde, c'est la naissance de mouches à partir d'ordures et de sueur. Les inscriptions babyloniennes, quant à elles, mentionnent des vers engendrés par la boue des canaux. Dans l'Égypte antique, grenouilles et crapauds naissaient du limon déposé par le Nil. Pour les philosophes grecs, la vie est propriété même de la matière. Elle est éternelle et apparaît spontanément chaque fois que les conditions sont propices. Ces idées se retrouvent dans les écrits de Thalès, de Démocrite, d'Épicure, de Lucrèce et de Platon. Aristote réalise la synthèse des idées développées avant lui et érige la génération spontanée en véritable théorie *« selon laquelle les matières en décomposition engendrent des vers, de telle sorte que la terre ne produit que les plantes et les animaux conçus dès l'origine par le Créateur, par l'intermédiaire de germes qui ont été ensemencés dans les milieux favorables à leur développement ».*

La génération spontanée passe le Moyen Âge et la Renaissance. De grands penseurs comme Newton, Descartes et Bacon la soutiennent. Au milieu du XVIIe siècle, ont lieu les premières expériences sur la génération spontanée. Jan Baptist van Helmont, un médecin flamand, prétend obtenir des souris avec des grains de blé et une chemise imprégnée de sueur humaine.

Menées sans réel esprit critique, ces expériences renforcèrent cette idée fausse au lieu de la remettre en cause.
Dans son traité de 1668, le médecin naturaliste italien Francesco Redi démontre que les asticots n'apparaissent pas dans la viande en putréfaction lorsque l'on prend la précaution de recouvrir les bocaux qui en contiennent d'une très fine mousseline.
En 1674, le savant hollandais Antoni van Leeuwenhoek effectue les premières observations de micro-organismes à travers un microscope de sa fabrication. Dès lors, on découvre des micro-organismes partout. Les adeptes de la génération spontanée trouvent là un nouveau champ d'application pour leurs idées. En 1718, Louis Joblot démontre expérimentalement que les micro-organismes résultent d'une contamination par l'air ambiant. Il ne réussit pas à convaincre les naturalistes, qui considéraient le monde des micro-organismes comme le bastion le plus significatif de la génération spontanée. Même Buffon pense que la nature est pleine de germes de vie capables de s'éparpiller lors du pourrissement, puis de s'unir pour produire des microbes. John Needham, l'ami gallois de Buffon, chauffe différentes substances organiques dans une fiole hermétiquement close pour les stériliser. Après traitement, toutes les solutions foisonnent de microbes.
En 1768, le naturaliste et abbé italien, Lazzaro Spallanzani, reprend les expériences de Needham en portant les solutions à des températures plus élevées et une ébullition suffisamment prolongée. Ainsi, il détruit les micro-organismes, démontrant que des solutions de micro-organismes bouillies, puis scellées devenaient stériles. Pourtant, Spallanzani n'arrive pas à faire accepter l'interprétation scientifique, la croyance l'emportant sur la démonstration expérimentale.
Il en faut plus aux partisans de la génération spontanée. Ils nient donc l'évidence et même l'utilisation concrète des méthodes de Spallanzani faite par Nicolas Appert, en 1800, en vue de la conservation des aliments (appertisation). En 1836, le naturaliste allemand Theodor Schwann apporte une preuve supplémentaire avec des expériences plus pointues. Une vive polémique s'engage sur l'effet de la température. En 1860, Félix Pouchet, soutenu par le médecin anglais, Bastian, publie un traité dans lequel il développe une théorie de la génération

spontanée étayée par de nombreux exemples expérimentaux qui sont en fait autant d'exemples de contamination par l'air extérieur.
Entre 1859 et 1861, le chimiste et également microbiologiste français Louis Pasteur met au point un protocole expérimental rigoureux de stérilisation. Son but est de démontrer *« une fois pour toutes et pour toujours »* que des produits stérilisés ou des matériaux biologiques aseptiquement prélevés ne fermentent que s'ils sont ultérieurement ensemencés par des germes microbiens …

Leeuwenhoek et Rostand

Pamphlétaire, moraliste, historien des sciences de la vie, biologiste, vulgarisateur scientifique, pacifiste, humaniste, Jean Rostand (1894-1977) fut tout cela. Tout au long de son existence consacrée à la recherche de la vérité, il fit montre d'une honnêteté intellectuelle hors du commun et d'une exceptionnelle ouverture d'esprit. On peut considérer comme le plus grand sage du XXe siècle, cet homme qui ne fit jamais preuve du moindre sectarisme.

Antoni van Leeuwenhoek est ainsi cité plus d'une dizaine de fois dans *Les origines de la biologie expérimentale* (1951).

Les premiers travaux de Spallanzani portent sur les animalcules des infusions. Ces animalcules avaient été découverts près d'un siècle auparavant (1674) par le célèbre micrographe hollandais Antoni van Leeuwenhoek, qui, plaçant une gouttelette d'eau douce sous l'un de ses microscopes, y aperçut, avec une extrême surprise, une foule de petits êtres animés, mêlés à des particules terreuses et à des filaments verdâtres.

Parmi ces animalcules, il s'en trouvait d'arrondis et d'ovales. Certains étaient blanchâtres et transparents ; d'autres, pourvus de petites écailles vertes et brillantes ; d'autres encore, d'un vert cendreux. Et *« le mouvement de la plupart d'entre eux,* écrit Leeuwenhœk dans une lettre datée du 7 septembre et adressée à la Société royale de Londres, *était si preste, si varié et dans tous les sens, que c'en était merveilleux à voir. Je pense que certaines de ces petites créatures étaient plus de mille fois plus petites que les plus petites que j'eusse encore aperçues, sur la croûte du fromage, dans la fleur de farine et la moisissure ... »*

L'eau examinée par Leeuwenhœk avait été recueillie dans un lac du voisinage (Berkelse mère), lac poissonneux dont le fond était couvert de fange et où flottaient, à la surface, en été, des amas de détritus. Un peu plus tard, Leeuwenhœk retrouva des animalcules tout semblables dans une eau de pluie qui provenait d'un pot de terre vernissé et aussi dans une eau de canalisation, dans une eau de rivière, dans une eau d'un puits, dans de l'eau de mer, et dans diverses infusions préparées avec du poivre, du gingembre, des clous de girofle, des grains de muscade... Toutes ces observations furent exposées dans la fameuse lettre 18 que l'illustre micrographe adressa à la Société royale, le 9 octobre 1676, et qui fut lue aux séances des 1er, 15 et 22 février 1677. La lettre en question ne couvrait pas moins de dix-sept pages et demi, format in-folio. Elle marquait la véritable naissance de la protistologie et aussi de la microbiologie, car Leeuwenhœk avait aperçu, et décrit non seulement des protozoaires, mais encore des bactéries. Avec ses microscopes qui n'étaient que de simples lentilles, mais très lumineuses et habilement taillées, il avait découvert le monde unicellulaire, le monde de l'*« infiniment petit »*.

Les révélations de Leeuwenhœk suscitèrent une immense curiosité. D'abord contestées par certains, elles ne tardèrent pas à recevoir confirmation. La notion fut bientôt généralement acceptée que des êtres microscopiques vivent dans les eaux, plus ou moins stagnantes, et surtout qu'il en apparaît à profusion dans les infusions de matières organiques. Ainsi, la vie animale se révélait-elle beaucoup plus largement répandue qu'on ne le croyait de prime abord. Et de multiples questions en venaient à se poser au sujet de ces animalcules que l'œil armé du verre grossissant voyait pulluler un peu partout. À quoi l'on répondait : *« Que signifiait cette prodigieuse dissémination de la vie ? Etaient-ce bien de vrais animaux que ces animalcules ? Et, dans ce cas, quelle pouvait en être l'origine ? Se formaient-ils à partir des éléments matériels du milieu ambiant ou provenaient-ils d'autres animalcules préexistants, et semblables à eux ? »* C'était, comme on voit, le grave problème de la génération spontanée qui désormais se trouvait accessible à l'échelle de la vie microscopique…

Au cours de ses recherches, qui s'étendront sur trois années, Spallanzani utilisera principalement des microscopes simples (microscopes de Leeuwenhoek) à une seule lentille, instruments d'assez faible grossissement, mais aptes à fournir des images très nettes et lumineuses. À force de patience et de soin, il arrivera à se faire, de la nature des animalcules, une idée précise

et qui diffère sensiblement de la conception buffonienne... L'état de *« mort apparente »* peut, sans dommage, se prolonger durant des semaines, des mois, voire des années. Que représente, au juste, un tel état ? Doit-on penser que cette inertie, cette cessation complète de l'activité apparente est compatible avec la persistance de certaines manifestations vitales, et notamment des échanges respiratoires ? Ou bien s'agit-il d'un véritable arrêt de la vie, d'un état passager de « non-vie » qui ne serait pas la mort puisqu'il n'exclut pas la possibilité de revivre, et qui serait plus ou moins analogue à celui d'une horloge intacte dont le balancier fût immobilisé ? On conçoit quelle est, sur le plan théorique, l'importance de la question, mais aussi qu'elle sera la difficulté d'y répondre avec précision. Car, de toutes manières, et même si les manifestations vitales n'ont point complètement cessé dans ces globules inertes que sont les animalcules desséchés, l'on imagine qu'elles doivent y être extrêmement discrètes, voire même indécelables par les procédés de laboratoire. Comment faire le juste milieu entre une vie exténuée, réduite au moindre et une vie tout à fait absente ? Tel est le problème que se posera Spallanzani.
C'est le grand micrographe hollandais Leeuwenhœk, qui, dès 1701, constata que les Rotifères pouvaient être amenés, par dessèchement du sable qui les contient, dans l'état de mort apparente, et reprendre néanmoins leur vitalité normale par réhumectation. Mais, Leeuwenhœk ne pense pas qu'il y ait là une véritable résurrection. D'après lui, les animalcules, en dépit de l'apparence, ne sont pas complètement desséchés, sans quoi ils périraient à coup sûr. Ils sont protégés par leurs enveloppes comme le sont certains œufs ou larves d'insectes.
Parmi les partisans des germes, on distinguait encore deux écoles : l'une plaçait le germe dans l'œuf de la femelle (c'était l'école oviste) ; l'autre le plaçait dans l'animalcule du mâle (école spermatiste ou animalculiste). Rappelons que les animalcules spermatiques avaient été vus pour la première fois en 1677, par un étudiant de Leyde, Ludwig de Hanim, qui les avait montrés à Leeuwenhoek. Le grand micrographe comprit aussitôt la portée de la découverte. Il s'empressa de rechercher, et retrouva les animalcules dans les semences de diverses espèces animales (voir les lettres de Leeuwenhoek en date de

1677, 1678, 1699 et 1701, à Mylord Brounker, président de la Société royale de Londres).

Spallanzani, à la suite de ses premières observations sur les animalcules séminaux, n'avait pas osé tirer une conclusion ferme quant à leur véritable nature. Influencé par l'autorité de Buffon, il avait fini par douter de ce qu'il avait vu et, malgré leur aspect franchement animal, se sentait enclin à leur dénier l'animalité vraie. Plus tard, encouragé par Bonnet (Lettre du 21 avril 1771), il reviendra sur leur étude et, les examinant sans prévention, il modifiera, du tout au tout, son opinion. Pour les observer, Spallanzani use du microscope simple, dont il s'était servi pour les animalcules des infusions et qu'il tient pour préférable au microscope composé, dont se servent Buffon et Needham, car il donne des images mieux *« terminées dans leurs contours »*. Conformément à sa méthode générale - qui est de varier à l'extrême les objets d'études -, il étudie les animalcules séminaux chez divers mammifères (cheval, taureau, lapin, bélier), chez l'homme même et aussi chez divers animaux à sang froid (carpe, grenouille, crapaud, triton). Il les recueille soit par émission spontanée, soit par ouverture du testicule, et il s'applique à les observer en toute saison, au lieu de ne les observer qu'en une seule, comme avait fait Buffon.

Ce n'est qu'après avoir rassemblé une foule d'observations personnelles qu'il se décide à relire ce que Leeuwenhoek et Buffon ont écrit sur le sujet : *« Il y avait plusieurs années que je n'avais pas revu leurs découvertes sur les vers spermatiques, de sorte qu'il ne me restait que des notions très générales sur les idées de ces naturalistes. J'aurais même voulu les proscrire de ma mémoire pour faire « table rase » dans mes recherches, et pour être plus propre à recevoir les vraies images que mes yeux me fournissaient, sans courir le risque de les altérer en leur donnant quelque teinte des inventions des autres.* » Or, cette fois, les conclusions de Spallanzani sont formelles : les animalcules de la semence sont de véritables animaux.

Buffon était obnubilé par le parti pris doctrinal, par le désir de vérifier son système des molécules organiques : « *Ses yeux étaient moins disposés à voir ce qui était réellement que ce qu'il souhaitait qui fût.* » Si les animalcules spermatiques ne sont pas des agrégats de molécules organiques, et si, d'autre part, ils ne sont pas des germes de fœtus comme le croyait Leeuwenhoek, quel est donc leur rôle, leur usage dans la semence (Rostand) ? Georges Louis Leclerc, comte de Buffon, est un naturaliste et un écrivain français. Par sa diversité, sa richesse, son originalité et l'influence qu'elle a exercée, l'œuvre de Buffon est d'une importance exceptionnelle. Sa monumentale *Histoire naturell*e a été, de son vivant, mais aussi après sa mort, un puissant vecteur de diffusion des connaissances scientifiques (Larousse).

Leeuwenhoek et « La Tulipe Noire »

La Tulipe Noire d'Alexandre Dumas constitue un excellent *« roman d'ambiance »* aux Pays-Bas, concernant l'époque d'Antoni van Leeuwenhoek. Le récit débute, précisément, le dramatique 20 août 1672. Il est intéressant de le consulter.
Pour les Provinces-Unies, 1672 se révéla calamiteuse et fut appelée *Rampjaar* (« année de tous les désastres ») du fait de la guerre de Hollande et de la troisième guerre anglo-néerlandaise. Les Pays-Bas furent envahis par la France de Louis XIV. Johan de Witt fut incapable d'assumer son rôle de Grand Pensionnaire après avoir été blessé lors d'une tentative d'assassinat le 21 juin. Le 15 août, Guillaume d'Orange publia une lettre de Charles II dans laquelle le roi anglais avançait que la principale raison de la guerre était l'agressivité de la faction de De Witt. *« Le peuple étant maintenant hostile à De Witt, ce dernier et son frère Cornelis furent assassinés par une milice citoyenne à La Haye, le 20 août. »* Après cela, Guillaume remplaça de nombreux régents hollandais par ses partisans.

Leeuwenhoek et la « Royal Society »

La situation en Hollande devenait tragique. Les troupes de Louis XIV commandées par Condé et Turenne avaient envahi les Provinces-Unies, occupaient Utrecht, la Gueldre, l'Overyssel. Delft était menacée.

Jean de Witt (1625-1672), Grand Pensionnaire de Hollande, avait fait ouvrir les digues après décision du Conseil municipal d'Amsterdam. Le pays se trouvait sous les eaux. La panique s'étendait, le commerce disparaissait, chacun cachait ses biens.

La bourgeoisie, craignant pour sa fortune, ameuta le peuple pour que soit rétablie la dictature d'un stadthouder que Jean de Witt avait fait interdire par l'Édit perpétuel. La population réclamait à grands cris la venue au pouvoir de Guillaume III d'Orange qui accepta le stadthouderat. Jean de Witt s'était incliné devant la pression de ses compatriotes, mais son frère Corneille (1623-1672) ne le fit qu'à regret, contraint par la force. Jugé et condamné à l'exil, il fut massacré à La Haye avec Jean, venu le rejoindre dans sa prison.

Guillaume n'avait rien tenté pour sauver les deux frères de la fureur des émeutiers. Indifférent au sort de Jean de Witt, son ancien maître, il l'avait sacrifié à son ambition. Fort de l'appui du pays, il décidait de poursuivre la lutte. En ce début d'année 1673, il commençait à reprendre l'avantage et les grands dangers semblaient s'estomper.

Ce matin de la fin du mois d'avril, Antoni marche vers le port, indifférent au passage des cabriolets, des calèches, des cavaliers menant au trot leur monture. Longeant les quais, il frissonne sous le frais vent d'est, hâte le pas pour gagner le quartier de sa maison natale, but de sa promenade. Chemin faisant, il évoque les souvenirs de son enfance, du temps où il aimait se blottir dans un des paniers tressés par son père et exposés sur le trottoir, devant la boutique. Il retrouve l'odeur de l'osier découpé

en fines lanières suspendues à des cordes tout en haut du grenier où il se réfugiait et jouait en compagnie d'un petit chat gris du voisinage qui ronronnait en frottant son museau humide contre sa frimousse.
Comme naguère, il observe la manœuvre des voiliers, prête l'oreille aux ordres rauques des marins, aux grincements des gréements, au grondement des lourdes barriques roulant sur les quais, tout en suivant le vol criard des mouettes.
« Que de temps passé ! murmure-t-il, *Heureux âge que celui de l'ignorance... Me voici aujourd'hui devant une décision engageant toute ma vie. Reinier l'attend, les mois ont passé... Il avait trop à faire le malheureux avec ses estropiés, ses mourants, pour que je l'importune avec mes scrupules. »*
Autour de lui, une amicale compréhension se dessine. La famille de Cornelia ne lui tient nulle rigueur de ses recherches. Bien au contraire. Son épouse est toute acquise à ses projets. Le milieu académique qu'il commence à fréquenter encourage ses dispositions à l'étude. Il tient son rang à la municipalité. Les bourgmestres lui témoignent de l'estime. Géomètre, il espère devenir contrôleur, son avenir est assuré.
Il a tout loisir de se consacrer à ses lentilles. Les ressources du ménage entretiennent largement l'aisance. Maria a trouvé en Cornelia une seconde mère. Pourquoi ne songerait-il pas à se faire connaître du monde savant ? Il se persuade surtout qu'il ne doit pas démériter dans le jugement de Reinier qui n'a cessé de l'encourager. Assurément, il peut se flatter d'avoir amélioré la confection de ses microscopes. Ewout Bregge, l'orfèvre, lui a enseigné l'art de marteler les plaques de cuivre, de les arrondir aux angles, de soigner la pose des rivets qui les soudent, d'affiner le pas des vis. L'envie lui vient d'utiliser des plaques d'argent et, pourquoi pas, des plaques d'or. Quant aux lentilles, il se félicite d'avoir abandonné les procédés de ses devanciers qui leur permettent d'obtenir des petites sphères de verre.
Il sait que Johannes Hudde, à Amsterdam, continue de chauffer à la flamme un petit bloc de verre fixé à la pointe d'une aiguille métallique, la tournant entre les doigts pour que le bloc en fondant épouse la forme désirée. Il soupçonne Hooke, de son côté, de persister à chauffer l'extrémité d'une fine baguette de verre où perle la lentille.

« *Médiocres procédés*, murmure-t-il, *ces petites sphères ne donnent que des images beaucoup trop déformées.* »
Antoni garde toujours secrètes ses méthodes. Il a choisi de tailler lui-même des lentilles biconvexes. Pour les obtenir, il meule à froid un minuscule éclat de verre fixé sur un support à courte tige qu'il tient à la main. Dans un moule semi-sphérique, le meulage fait épouser au verre une surface convexe. Il lui suffit de détacher le verre de son support, de le retourner et de le fixer sur un autre support à face concave où s'encastre la face convexe déjà meulée. En meulant à nouveau, sa lentille prend forme. Il termine en la polissant soigneusement avec du sable fin et des feutres. À coup sûr, il a dû acquérir un excellent tour de main. Le travail est long. Aussi pense-t-il à l'usage d'un axe manœuvré au pied et portant le support où s'encastre le verre, axe qui imprimerait à l'ensemble un mouvement de rotation. Les potiers ne manquent pas à Delft qui le conseilleront dans la confection d'un tour adapté à ses besoins.
En retournant vers l'Hippolytusbuurt, il sourit en pensant à cette autre manière de faire des lentilles. Derksz, le souffleur de verre, la lui a enseignée. C'est la meilleure pour obtenir les plus forts grossissements. Il en maîtrise le travail qui est effectué à la flamme. Un tube de verre est effilé à ses extrémités dont l'une est ensuite fermée. En soufflant dans le corps de cette sorte d'ampoule, se forme un petit ballon prolongé par une fine pointe qu'il suffit de chauffer à sa base pour la détacher. Apparaît alors au flanc du ballon une cicatrice en forme de minuscule lentille. Détachée à son tour et amincie sur ses bords, elle est enfin encastrée entre les plaques du microscope. Assurément, Antoni est désormais convaincu de la qualité de ses verres grossissants et de la finesse de ses observations. Il ne doute plus qu'elles méritent d'être divulguées. Le temps est révolu où il se bornait à capturer quelque malheureuse mouche lui livrant ses ailes. Certes, il continue de s'intéresser aux bestioles qui volent autour de lui, mais beaucoup d'autres sujets lui sont devenus familiers.
Ainsi, revoit-il ces moisissures dessinées par Hooke. Lui aussi a observé ces étranges arborescences, mais l'Anglais n'a pas décrit de minuscules corps arrondis contenus dans ces sphérules portées par ces longs filaments enchevêtrés.
« *Curieux*, murmure Antoni, *qu'il les ait ignorés. Ne serait-il pas honnête qu'il en soit informé ? Et puis, mes réflexions sur la*

tête des abeilles, leurs yeux, leurs attributs mériteraient ses critiques... Décidément, Reinier a raison, je n'ai que trop tardé à décrire mes observations. »

Quelques jours plus tard, Antoni retrouve son ami qui l'accueille à l'amphithéâtre sur le seuil de la salle de dissection où les aides préparent la table qui va recevoir le prochain cadavre, rangent les instruments dans une cuvette, plient les linges où seront serrés les restes du malheureux. Reinier, le visage amaigri, le teint cireux, dissimule avec peine sa lassitude. Les deux hommes demeurent silencieux.

Reinier n'est pas dupe. A l'arrivée d'Antoni, il avait perçu, dans son regard, une lueur joyeuse voilée aussitôt d'un reflet d'inquiétude. *« Antoni,* se dit-il, *me voit tel que moi-même, chaque jour, je vois ces malades que la mort, déjà, accompagne... »*

Il rompt le silence : *« Asseyez-vous Antoni, je vous prie d'excuser cet inconfort. Je n'ai que ce tabouret à vous offrir... Où en sommes-nous de nos projets ? Depuis ces mois de tourmente, nous retrouvons le calme. Dieu que ce fut épuisant de soigner ces pauvres blessés couverts de plaies, geignant, suppliant, mourant presque tous, sans que je puisse au moins atténuer leurs souffrances... Nous manquions de tout... Leur mort était une délivrance. Ils l'appelaient à grands cris... Ce fut un cauchemar ! »* Antoni sort d'une poche de son habit un lot de feuillets et le tend à Reinier. *« Dans la perspective de ma visite, dit-il, je me suis permis de rédiger quelques observations et je serais heureux que vous consentiez à me formuler votre avis sur ces propos. Vous verrez que je discute sur l'anatomie du pou, que mes soins se sont aussi portés sur une étude de la tête des abeilles...*

- Du ventre à la tête, cher Antoni, vous n'oubliez rien ! s'exclame en riant Reinier. *Excusez-moi, je ne souhaitais que vous taquiner... Voyons la suite.*

- J'ai ajouté, reprend Antoni, *des remarques sur les moisissures, chez lesquelles j'ai découvert - comment dirais-je ? - des sortes de petits globules jamais encore décrits. Tout cela en vérité demande d'autres examens. Une analyse critique de vos amis de Londres, dont vous m'avez parlé, ne saurait que me rendre le plus délicat des services. »*

Reinier, perché sur son tabouret, a posé les feuillets sur la table. La tête entre les mains, il lit posément. Antoni attend le verdict. Reinier s'est levé, contourne la table, s'arrête derrière Antoni, lui prend amicalement les épaules : *« Je reconnais bien là votre modestie, mon cher. Savez-vous qu'au mérite de vos observations, vous ajoutez celui de ne pas omettre ce que Robert Hooke a décrit de son côté ? Il est bon de ne pas méconnaître ce que poursuit autrui et je suis heureux que les travaux de Hooke aient retenu à ce point votre attention. Certes, vous ne citez pas son nom, mais personne ne sera dupe. L'allusion est transparente. »*

« Un bon conseil, mon ami, si l'occasion s'en présente encore - je doute fort du contraire - donnez en clair le nom de l'auteur que vous discutez. Hooke, le premier, ne risque pas de s'en formaliser. Bien au contraire, il vous saura gré de vos remarques et je vois là les prémices de fructueuses discussions. Il pourra déjà juger de vos talents.

- Il est cependant un point qui me soucie fort, cher Reinier. Je n'entends rien au latin, ni à la langue anglaise. Je ne connais que mon dialecte natal. Je crains que ces messieurs de Londres n'en soient sérieusement découragés. Et puis, ajoute Antoni, *en hochant la tête, je n'ai ni style, ni plume, ni diplôme...*

- Ce ne sont pas des obstacles, Antoni. La Royal Society londonienne à laquelle je me propose de faire parvenir vos études n'exige aucun titre de ses correspondants. Elle met en pratique une nouvelle philosophie de la nature et de l'expérience. Ses membres souhaitent être informés par le plus grand nombre sur les sujets les plus variés. Ils n'exigent que le souci de la vérité.

- N'ayez aucune inquiétude. Je me ferai un devoir de faire assurer une transcription en latin de vos feuillets, à moins que nous trouvions de bonnes volontés à Londres pour les traduire dans la langue maternelle de nos amis anglais. Ne vous souciez nullement, Antoni. Ce n'est pas la langue qui compte, c'est ce qui est dit et écrit avec réflexion, et objectivité. »

Reinier demeure un moment songeur. *« Votre bon sens, votre curiosité, Antoni, valent tous les diplômes. Votre chance est d'avoir échappé à tout esprit d'école, source de paralysie, hélas, pour la plupart de nos contemporains ne sachant pas, ou ne voulant pas par esprit de paresse et de confort, reconnaître que les vues sur le monde changent, que tout enseignement ne vaut que dans la mesure où l'on se trouve en droit de le critiquer, qu'il faut dépasser la simple lecture des anciens, bref qu'il convient de se livrer sans contrainte à la passion de la découverte. Nous sommes le 28 avril 1673, Antoni. Je me charge dès aujourd'hui de transmettre votre lettre à Sir Henry Oldenburg, l'actuel secrétaire de cette honorable société. Souhaitons que ces messieurs les Anglais n'en interceptent pas le cours, leurs bateaux, hélas, une fois de plus, se frottant souvent aux nôtres ces temps-ci ».*

Reinier saisit une plume d'oie, choisit un papier, rédige : *« Un certain M. Leeuwenhoek a récemment inventé des microscopes surpassant tous ceux conçus jusqu'à présent par Eustachio Divini et autres... Dans la lettre ci-incluse, il fournit un exemple de leur perfection par diverses observations et il se déclare tout prêt à d'autres tâches s'il plaît aux curieux de lui en confier dans l'avenir... »*

Après avoir signé, Reinier se tourne vers son ami : *« Je n'oublie pas ma promesse. J'entretiendrai Constantijn Huygens de vos travaux. Tenez-moi au courant de l'opinion de ces messieurs de Londres. Je ne doute pas qu'elle sera des plus favorables. Grand merci, Antoni, d'avoir suivi mes conseils. »*

Au sein de la prestigieuse compagnie, après lecture de sa missive, Antoni allait subir la loi commune. Il eut ses détracteurs et ses défenseurs. Des discussions s'élevèrent, certains s'étonnant qu'un inconnu, ignorant le latin, ait la prétention de se livrer à des observations scientifiques. Certes, l'opinion de De Graaf méritait considération et des voix s'en firent l'écho. Robert Hooke jugeait qu'il fallait encourager ce Hollandais à poursuivre. Il ajoutait que les critiques que celui-ci avait faites de ses propres travaux étaient fort pertinentes. En répondant avec faveur à la lettre de ce M. van Leeuwenhoek, il deviendrait possible de mieux juger encore ultérieurement de la nouveauté et de l'exactitude de ses recherches. Robert Hooke s'offrait lui-même de se porter juge de la suite des événements. Robert Boyle fut aussi parmi les ardents défenseurs d'Antoni. L'approbation devait très vite l'emporter. Reinier de Graaf fut informé de l'issue favorable de sa démarche. Il eut la joie d'avertir Antoni que sa lettre serait publiée dans les « *Philosophical Transactions* » et que les membres de la Royal

Society souhaiteraient recevoir aussi quelques illustrations. Pour répondre à ce désir, Antoni fit appel à un dessinateur. Reinier priait son ami de poursuivre sans délai ses recherches. Antoni se soumit d'autant plus volontiers qu'il avait en chantier de nouvelles observations sur le dard de l'abeille et avait entrepris des études sur la structure des bois de sapin, de chêne, sur celle des racines de frêne. Il avait couché quelques idées sur la circulation de la sève, avait observé la succion du sang par le pou et suivi son cours dans le corps de l'animal, avait expérimenté sur la compressibilité de l'air... Il avait large matière à rédiger une seconde lettre.
Ses scrupules avaient disparu. La confiance le gagnait. Il avait su par De Graaf que Constantijn Huygens l'avait chaleureusement recommandé auprès de la Royal Society, le présentant comme *« curieux et travailleur. »*
Sa seconde lettre en main, il voulut aller rendre visite à Reinier pour lui en faire lecture. Un domestique lui fit savoir que son maître ne quittait plus sa chambre et ne recevait plus personne. Le lendemain, il trouvait un court billet glissé sous sa porte. L'écriture était tremblante. Il lut cependant : *« Compliments, Antoni. Continuez, vous ferez de belles découvertes. Adieu. Pensez toujours à moi. Votre affectionné, Reinier ».*
La lettre d'Antoni partit le 15 août 1673. Le lendemain, il apprenait la mort de Reinier de Graaf, décédé à Delft et enterré à la vieille église, comme le sera plus tard Antoni van Leeuwenhoek. Le conseiller, l'ami disparu, le grain était semé. Antoni van Leeuwenhoek commençait d'accomplir son destin (Robert Delavault, 1989).

Leeuwenhoek et Vermeer

Par les Drs Henri Lamendin & Xavier Riaud

La Jeune Fille à la perle (*The Girl with a Pearl Earring*) est un roman historique écrit par Tracy Chevalier et publié en 2000. L'action se déroule à Delft aux Pays-Bas au XVIIe siècle et le récit a été inspiré par le tableau de l'artiste Johannes Vermeer, *La Jeune Fille à la perle* en imaginant l'histoire qui a conduit à la création de cette œuvre. Tracy Chevalier, depuis longtemps passionnée par les œuvres de Vermeer, affirme qu'elle décida d'écrire l'histoire de la jeune fille en regardant un poster du tableau allongé sur son lit en se demandant ce que Vermeer avait pu dire ou faire pour qu'elle ait un tel regard. *« J'ai écrit ce livre parce que j'ai toujours été fascinée par le tableau de Vermeer, La Jeune Fille à la perle. À quoi pense-t-elle ? Parfois, elle semble vouloir séduire, parfois, elle paraît triste. Parfois, on croit qu'elle a treize ans et d'autres, trente ans. Je me demandais ce que Vermeer avait bien pu dire ou faire pour qu'elle ait un tel regard ? »*
De cette interrogation, est né ce roman. Elle affirme aussi : *« Il y a tant de mystère dans chaque peinture* [de Vermeer], *dans sa représentation des femmes, tant d'histoires à raconter. J'avais envie de raconter l'une d'entre elles. »*
En 1664, Griet, le fameux modèle de la peinture en question, curieuse et timide, issue d'une famille pauvre de Delft, est engagée comme servante dans la maison de Johannes Vermeer pour s'occuper des six enfants de la famille et surtout pour faire le ménage dans l'atelier du peintre. Devant s'intégrer dans la maisonnée, entre Catharina Bolnes, l'épouse de Vermeer, la mère de celle-ci, Maria Thins, et la servante Tanneke, sans compter Cornelia, une des filles, elle doit faire profil bas. Mais, Vermeer comprend rapidement les qualités de Griet, sa discrétion et son intérêt pour la peinture.

Ami de Vermeer, van Leeuwenhoek est un savant renommé de Delft. Il possède une *camera obscura*, une boîte pourvue d'une lentille, permettant au peintre d'observer sa mise en scène différemment. Tanneke explique à Griet que Catharina a peur de lui parce qu'elle a un jour renversé sa chambre noire et l'a cassée, s'attirant ses foudres.
Peu avant que Vermeer n'achève son portrait, van Leeuwenhoek met Griet en garde. Il lui explique que la vision idéaliste de son maître lui cache parfois la réalité, qu'il ne pense qu'à lui-même ou à son travail, qu'elle n'est qu'un accessoire qu'il jettera une fois le tableau terminé. Sa vision se révéla juste puisque Vermeer s'abstint de la défendre devant Catharina, quelques semaines plus tard, et que, durant les dix ans qui suivirent, avant sa mort, il ne vint jamais vers elle.
Le roman est écrit à la première personne. On découvre comment Griet s'immisce dans l'intimité d'une famille catholique hollandaise au XVIIe siècle et comment elle découvre l'art de la peinture aux côtés de son maître. Il est divisé en quatre chapitres, 1664, 1665, 1666 et 1676, correspondant aux trois années où Griet était au service des Vermeer. Le dernier chapitre, 1676, se déroule dix ans plus tard, après que Jan Vermeer fut mort, quand van Leeuwenhoek, l'exécuteur testamentaire de son ami, remit, à Griet, les perles de Catharina que son ancien maître lui avait léguées.
Le tableau de *La Jeune Fille à la perle* est estimé remonter à l'année 1665, ce qui correspond à une année près au développement temporel logique du roman. Engagée par Vermeer en 1664, elle passe deux ans à son service, jusqu'à l'achèvement du tableau, considéré avoir été fait, dans le roman, en 1666.
L'histoire débute en 1664, à l'âge d'or de la peinture hollandaise. Le roman a été salué par les critiques et les lecteurs. Il est devenu un *best-seller* rapidement après sa sortie et a été acclamé dans de nombreux pays. *USA Today* l'a qualifié de *« roman exceptionnel »* et le *Miami Herald*, de « *bijou de roman* ». Le roman de Tracy Chevalier a été traduit en plus de trente-six langues et a été édité à plus de trois millions d'exemplaires. Il a donné lieu à une adaptation cinématographique en 2004, avec Colin Firth dans le rôle de Vermeer et Scarlett Johansson, dans celui de Griet.

Leeuwenhoek et des biographies

Leeuwenhoek est né le 24 octobre 1632, à Delft, aux Pays Bas. Fils d'un fabriquant de panier, il ne reçoit aucune formation scientifique et devient, à seize ans, apprenti chez un drapier d'Amsterdam, puis comptable et caissier. En 1656, il retourne à Delft, ouvre une boutique de drapier avant de devenir chambellan en 1660, puis directeur général du district. Comme drapier, il prend goût à utiliser des verres grossissants. Les instruments qu'il utilise sont très simples, mais permettent d'obtenir des grossissements allant jusqu'à trois cents fois. Cela suffit pour observer des cellules organiques dont Van Leeuwenhoek décrit de nombreux types. Dans une lettre de 1674, il évoque des formes de vie minuscules qu'il a observées dans les eaux d'un lac, mais ses observations sont reçues avec scepticisme par les savants de l'époque. Il reçoit le soutien de Robert Hooke (1635-1703), qui donne la première description publiée d'un micro-organisme et parvient à faire admettre la réalité de ses observations. Van Leeuwenhoek ne cesse de correspondre avec la Royal Society de Londres dont il devient membre en 1680. Il fait de nombreuses découvertes : les cellules sanguines, les spermatozoïdes, la circulation du sang dans les capillaires. Il continue ses observations jusqu'à sa mort le 30 août 1723 (Cité des Sciences, Paris).

***

La même année que son ami Jan Vermeer, Antoni van Leeuwenhoek naît à Delft. Après quelques années d'études dans un collège de Leyde, il est placé comme apprenti chez un drapier d'Amsterdam. Reçu maître drapier lui-même, il s'installe, en 1649, dans sa ville natale, à l'enseigne de la Tête d'or (Het Gouden Hoofd). C'est sans doute en exerçant son métier qu'il cherche à améliorer le pouvoir grossissant des loupes, pour pouvoir - épreuve indispensable pour apprécier la

qualité du drap - compter plus aisément le nombre de fils par unité de surface. Mais, bien au-delà de cette utilisation pratique, les lentilles biconvexes, qu'il obtient et dont il ne livrera jamais les secrets de fabrication, lui permettent de satisfaire son inlassable curiosité en explorant le champ encore peu connu, malgré l'invention antérieure du microscope à lentilles multiples, du monde des infiniment petits.
Il semble avoir abandonné de bonne heure le commerce du drap pour exercer diverses fonctions municipales : inspecteur des poids et mesures, jaugeur des vins et alcools entrant dans la ville, curateur des situations financières difficiles. Mais, il continue, presque jusqu'à son extrême vieillesse, à examiner avec ses loupes tout ce qui lui tombe sous la main. Il construit pour cela un petit appareil dans lequel la lentille biconvexe se trouve insérée entre deux plaques d'argent ou de cuivre, percées d'un très petit orifice. L'objet à étudier est maintenu à la distance focale au sommet d'une tige dont on peut régler la hauteur par un système de vis. En dépit de la rusticité de leur construction, les microscopes de Leeuwenhoek étaient capables de fournir d'excellentes images, avec des grossissements allant de 50 à 300. La réputation que Leeuwenhoek acquiert s'étend rapidement et nombreux sont ses compatriotes, et les étrangers les plus haut placés, notamment le tsar Pierre le Grand de passage à Delft, qui demandent la faveur d'être admis à regarder, dans l'appareil, les merveilles du monde des infiniment petits […] (Encyclopædia Universalis).

***

Né à Delft, aux Pays-Bas, van Leeuwenhoek ne bénéficia pas d'un enseignement scientifique particulier. Placé comme apprenti chez un drapier d'Amsterdam, après quelques années d'études dans un collège, il s'installa en 1649, comme maître drapier dans sa ville natale. On imagine que c'est en exerçant son métier qu'il chercha à améliorer le pouvoir grossissant des loupes. Le comptage des fils par unité de surface est en effet indispensable pour déterminer la qualité du drap. Il inventa donc, à ses heures perdues, une petite lentille biconvexe, dont il garda d'ailleurs le secret, de sorte que, jusqu'au développement du microscope fabriqué au XIXe siècle, personne ne put concurrencer ses travaux. A partir de là, il construisit un petit appareil très rustique, en insérant la lentille entre deux plaques d'argent ou de cuivre percées d'un très petit orifice. L'objet à étudier est maintenu à la distance focale au sommet d'une tige dont on peut régler la hauteur par un système de vis. À travers cet appareil, il pouvait voir les objets sur des têtes d'épingle, les agrandissant de 50 à 300 fois, soit un grossissement dépassant nettement celui d'appareils plus anciens.

La curiosité de van Leeuwenhoek était illimitée. Grâce à son invention, il explora le monde de l'infiniment petit, en examinant tout ce qui lui tombait sous la main. Il en fit des descriptions d'une très grande précision. En 1668, il confirma et étoffa la découverte de l'anatomiste italien Marcello Malpighi sur les capillaires, démontrant comment les globules rouges circulent à travers les capillaires de l'oreille du lapin ou de la patte de grenouille. En 1674, il fit le premier la description anatomique des globules rouges du sang. Puis, il observa la présence de micro-organismes tels que les protozoaires et les bactéries dans l'eau stagnante et dans la salive humaine - la bactériologie ne fut reconnue en tant que science qu'au milieu du XIXe siècle.

En 1677, il décrivit l'anatomie du spermatozoïde, sans se douter de sa fonction. A la même époque, le Hollandais Reinier de Graaf découvrait les follicules ovariens. L'invention de van Leeuwenhoek lui valut rapidement une réputation telle que beaucoup de ses compatriotes et des étrangers de grand renom, comme notamment le tsar Pierre le Grand de passage à Delft, lui ont demandé la faveur d'être admis à regarder dans l'appareil les merveilles du monde inconnu des infiniment petits. En reconnaissance de ses découvertes, il fut nommé membre de la Royal Society de Londres.

***

Antoni van Leeuwenhoek est né le 24 octobre 1632 et est mort le 26 août 1723, enterré le 30 août. Il fut un commerçant et un scientifique de Delft.

Premier « microbiologiste », il est considéré comme étant « le père de la microbiologie ». Il est connu pour son travail sur l'amélioration du microscope et pour ses contributions dans l'établissement de la microbiologie. Avec ses microscopes confectionnés à la main, il a été le premier à observer et à décrire des organismes, qu'il a appelés, à l'origine, des animalcules et que nous nommons maintenant des micro-

organismes. Il a été aussi le premier à enregistrer des observations microscopiques de fibres musculaires, bactéries, spermatozoïdes et du flux sanguin dans les capillaires.
Antoni van Leeuwenhoek était le fils du fabricant de panier Philips Teunisz Leeuwenhoeck et de Margriete Jacobsdr van den Berch, mariés à Delft le 30 janvier 1622. Leeuwenhoek a vécu dans une maison de briques confortable de la rue Leeuwenpoort. Devenue veuve, sa mère s'est remariée avec Jacob Molijn le 18 décembre 1640, et on a envoyé Antoni en pensionnat dans le village de Warmond, près de Leiden. Peu après, il sera invité par un oncle à vivre avec lui à Benthuizen, un village au nord-est de Delft. À 16 ans, son beau-père est mort et sa mère décida qu'il était temps pour Antoni d'apprendre son métier. Et il fit un apprentissage avec un négociant de tissu écossais à Amsterdam comme comptable et caissier.
En 1653, van Leeuwenhoek a observé dans son premier microscope simple, une loupe montée sur un petit éventaire utilisé par les négociants textiles, capable d'agrandir avec un pouvoir de 3. Il en acquiert bientôt un pour sa propre utilisation. En 1654, il quitta Amsterdam et se rendit à Delft, pour le reste de sa vie, où il développa ses propres affaires de draperie. Le 11 juillet, il se maria avec Barbara Meij, la fille d'un négociant de tissu, et s'installa comme marchand de tissus en lin. On l'enregistra comme étant Anthoni Leeuwenhouck. Quatre de ses cinq enfants moururent jeunes. En 1660, il fut nommé chambellan du Seigneur Régent de Delft. Sa femme étant morte en 1671, il se remaria avec Cornelia Swalmius, la fille d'un ministre. Van Leeuwenhoek survécut à cette deuxième femme, morte en 1694. Antoni van Leeuwenhoek n'apprit pas le latin et n'a pas étudié à l'université. Mais, en 1669, il obtint « un degré » dans l'arpentage. Il est possible qu'il ait été impliqué dans les plans de sous-divisions pour la ville de Delft. En 1676, il était traité comme un huissier. En 1679, il fut reçu comme inspecteur des vins et bières.
Pendant sa vie, van Leeuwenhoek a fait plus de 500 lentilles optiques. Il a créé aussi plus de 400 types différents de microscopes, dont seulement neuf existent encore aujourd'hui. Ses microscopes ont été faits avec des cadres en métal et en argent, ou de couleur cuivre. Ceux qui ont survécu aux années

sont capables de grossir jusqu'à 275 fois. Cependant, on pense que van Leeuwenhoek a possédé quelques microscopes qui pouvaient grossir jusqu'à 500 fois. Bien qu'il ait été largement considéré comme un dilettante ou un amateur, sa recherche scientifique est de haute qualité. Il a reçu les visites de Leibniz, Guillaume III d'Orange et sa femme, du bourgmestre d'Amsterdam, Johan Huydecoper, qui était très intéressé pour la croissance des usines Hortus Botanicus Amsterdam. Tous ont regardé ses très petites créatures. En 1698, van Leeuwenhoek a été invité dans le bateau du tsar Pierre le Grand.
Van Leeuwenhoek était un calviniste réformé hollandais. Il faisait souvent référence à Dieu dans la réalisation des créatures grandes et petites. Il a cru que ses découvertes stupéfiantes étaient la preuve de la grande merveille de la création de Dieu (Encyclopedia Encydia).

***

Antoni van Leeuwenhoek (24 octobre 1632, Delft - 26 août 1723, Delft) est un commerçant et un savant néerlandais connu pour ses améliorations du microscope et comme l'un des précurseurs de ce que l'on appellera plus tard la biologie cellulaire, et la microbiologie. Il a ainsi poursuivi l'œuvre de Jan Swammerdam (1637-1680) qui vivait à Amsterdam.
C'est un peu par hasard qu'il est le premier à faire des observations étonnantes avec un microscope de sa fabrication. Devenu correspondant de la Royal Society de Londres, il en devient membre en 1680. De 1674 à sa mort, il fait de nombreuses découvertes. Leeuwenhoek est baptisé à l'église réformée protestante. Son père, fabricant de panier, meurt lorsqu'il est encore très jeune et sa mère se remarie en 1637. En 1648, il devient apprenti chez un drapier d'Amsterdam. Après son apprentissage, il occupe les fonctions de comptable et de caissier chez son maître. En 1656, il retourne à Delft. Il s'y marie et ouvre une boutique de drapier, et de mercerie, mais on connaît fort peu ses activités commerciales. Cinq ans après la mort de sa première femme, il se remarie en 1671. Sa seconde femme décède en 1694, laissant Leeuwenhoek s'occuper seul de son enfant unique, sa fille Maria, survivante de ses cinq enfants disparus. En 1660, il obtient la fonction de chambellan auprès des juges de Delft. En 1669, il devient « géomètre ». En 1679, Leeuwenhoek devient « jaugeur de vin » et, enfin, à partir

de 1677, il occupe également la fonction de directeur général du district de Delft. Ces différents postes indiquent la position prospère de Leeuwenhoek dans la ville. Il semble qu'il se sépare de son commerce de draperie peu après 1660, car sa correspondance n'en fait nulle mention. Ses emplois municipaux lui laissent, semble-t-il, un temps considérable pour la microscopie. Ses finances sont bonnes d'autant qu'il hérite une maison de la famille de sa première femme. En 1666, il achète un jardin à l'extérieur de la ville et en 1681, il possède un cheval. Une indication de sa fortune est donnée par l'héritage que laisse sa fille, Maria, à sa mort, en 1745 et qui représente 90 000 guinées, une somme considérable pour l'époque. Pourtant, certains auteurs notent que Leeuwenhoek *« occupa un emploi municipal modeste jusqu'à sa mort »*. Constantijn Huygens (1596-1687) écrit : *« Vous voyez comme ce bon Leeuwenhoek ne se lasse pas de fouiller partout où sa microscopie peut arriver. Si beaucoup d'autres plus savants voulaient prendre la même peine, la découverte des belles choses irait bientôt plus loin »*. Si ces observations suscitent l'émerveillement des scientifiques de son temps, on lui a reproché, plus tard, son manque de connaissances scientifiques qu'a accentué le fait qu'il ne connaissait aucune langue étrangère. Cette absence de connaissance lui a permis de réaliser ses observations d'un œil neuf, sans les préjugés des anatomistes de son époque. Il laisse une œuvre immense uniquement constituée de lettres, environ 300, toutes rédigées en néerlandais, et la plupart envoyée à la Royal Society. Il écrit, dans une lettre à Henry Oldenburg, datée du 30 octobre 1676, qu'il espère recevoir de ses correspondants des objections à ses observations et qu'il s'engage à corriger ses erreurs. Il répond d'ailleurs aux premières marques de scepticisme marquant la parution de ses observations par une évidente confiance en soi. Ses observations seront suffisamment fameuses pour recevoir de nombreux visiteurs comme la reine Marie II d'Angleterre (1662-1694), Pierre le Grand (1672-1725), Frédéric Ier de Prusse (1657-1713), mais aussi des philosophes et des savants, des médecins et des hommes d'église, etc. Leeuwenhoek réalise devant eux de nombreuses démonstrations. Il fait observer, à Pierre le Grand, la circulation sanguine dans la queue d'une anguille. Il est inhumé dans la vieille église de Delft.

***

Par ses observations microscopiques, un nouveau champ de connaissance s'est ouvert. Leeuwenhoek étant drapier, il commença à utiliser le microscope pour vérifier la pureté des étoffes. C'est le médecin et anatomiste néerlandais Reinier de Graaf (1641-1673) qui présente ses premières observations à la Royal Society en 1673. Leeuwenhoek décrit la structure de la moisissure et de l'aiguillon de l'abeille. Commence alors un intense échange de lettres entre Leeuwenhoek, dans lesquelles il consigne, durant près de quarante ans, ses observations, et les membres de la société savante londonienne, échange qui se poursuivra jusqu'à la mort de Leeuwenhoek en 1723. La Royal Society l'admet en son sein en 1680 et l'Académie des sciences de Paris l'admet, à son tour, comme membre correspondant en 1699. Leeuwenhoek fait ses observations sur des microscopes composés qu'il réalise lui-même. Il lègue, à sa mort, 26 microscopes à la Royal Society, qui ne furent jamais utilisés et, un siècle plus tard, étaient déjà perdus. Deux ans après la mort de sa fille, Maria, un lot de plus de 350 de ses microscopes, ainsi que 419 lentilles, est vendu le 29 mai 1747. 247 microscopes étaient complets, souvent avec le dernier objet observé encore en place. Deux de ces instruments comportaient deux lentilles et un seul en possédait trois. Les meilleurs de ses appareils peuvent agrandir 300 fois. Il ne laisse aucune indication sur sa fabrication des lentilles et il faudra attendre plusieurs décennies pour disposer à nouveau d'appareils aussi puissants. On ignore comment il éclairait les objets observés ainsi que leur puissance. Le plus puissant de ses instruments conservés aujourd'hui a un taux d'agrandissement de 275 fois et un pouvoir de résolution de 1,4 µm. S'il fait présent de plusieurs de ses microscopes à ses proches, il n'en vend jamais un seul. On estime à une dizaine, les microscopes qu'il a fabriqués aujourd'hui conservés. On ignore quand il commence à observer des bactéries et autres micro-organismes. Dans une lettre datée du 7 septembre 1674, il évoque pour la première fois des formes de vie minuscules qu'il a observées dans les eaux d'un lac à proximité de Delft. Après avoir signalé à nouveau ces créatures dans deux lettres du 20 décembre 1675, puis du 22 janvier 1676, c'est dans une longue lettre de dix-sept feuillets, datée du 9 octobre 1676, qu'il décrit ce que nous

nommons aujourd'hui des protozoaires, surtout des ciliés auxquels se mêlent des algues (*Euglena* et *Volvox*). Il décrit de nombreux organismes dont la détermination est plus ou moins possible aujourd'hui : *Vorticella campanula, Oicomonas termo, Oxytricha sp., Stylonychia sp., Enchelys, Vaginicola, Coleps*. Mais, ces observations sont reçues avec scepticisme par les scientifiques de l'époque. Aussi, Leeuwenhoek joint à une autre lettre du 5 octobre 1677, le témoignage de huit personnes (pasteur, juriste, médecin, tireur à l'arc, etc.) affirmant avoir vu de nombreux êtres vivants différents. Il reçoit également le soutien de Robert Hooke qui, dans sa *Micrographia*, donne la première description publiée d'un microorganisme et qui, à la séance du 15 novembre 1677 de la Royal Society, montre la réalité des observations de Leeuwenhoek. Le traducteur des lettres qui paraissent dans les *Philosophical Transactions*, la publication de la Royal Society, les nomme *animalcula*.
Leeuwenhoek joint, à une lettre du 1er juin 1674, adressée au secrétaire de la Royal Society, Henry Oldenburg (v. 1618-1677), des échantillons des organismes qu'il a observés. C'est en 1677, qu'il mentionne pour la première fois, dans une lettre adressée à la Royal Society, des *animalcules* très nombreux dans du sperme. Leeuwenhoek a tout à fait conscience que ses observations qui montrent que la semence contenue dans les testicules est à l'origine de la reproduction des mammifères va heurter le paradigme de son époque. Car, ses observations vont à l'encontre des thèses développées par de grands savants de l'époque comme William Harvey (1578-1657) ou Reinier de Graaf. On retient souvent le nom du savant néerlandais comme l'un de ceux qui s'opposent, au XVIIe siècle, à la théorie de la génération spontanée. Outre Francesco Redi (1626-1697), un autre Néerlandais, Jan Swammerdam (1637-1680), fait de nombreuses observations sur les insectes et sur leur reproduction.
Leeuwenhoek ne semble pas avoir été opposé à la théorie de la génération spontanée au début de ses observations. Ainsi, au milieu des années 1670, il dissèque des poux et observe des petits poux dans les œufs se trouvant dans le corps des femelles. Il fait des expériences similaires sur les puces et leurs œufs, qu'il conserve jusqu'à maturité, mais n'arrive pas à reconnaître dans les larves les puces, et ce, malgré les observations de

Swammerdam publiées quelques années plus tôt. Il reviendra quelques années plus tard sur ces animaux. Leeuwenhoek devient un adversaire des thèses sur la génération spontanée. Lorsqu'il découvre les animalcules, il pense qu'ils se forment grâce à la *« ségrégation fortuite des particules de l'eau »*, mais il rejette cette explication en affirmant que ces animalcules ou leurs semences préexistent dans l'eau de pluie. Il apprend, quelques années plus tard, que l'Italien Francesco Redi a pu prouver que les mouches ne se reproduisaient pas par génération spontanée. Redi utilise des tubes clos dans lesquels il enferme de la viande en décomposition. Aucune mouche n'apparaît dans ces tubes tandis que d'autres, non clos et laissés à l'air libre, donnent des asticots, puis des mouches. Pour Redi, l'apparition de mouches dépend d'adultes qui vont pondre dans la viande. Leeuwenhoek tente de reproduire cette expérience, mais les conditions ne sont pas parfaites et il constate la présence d'animalcules même si le tube contenant l'eau est enfermé dans un autre tube scellé.
S'intéressant, début 1679, à la présence de vers (*Fasciola hepatica*) dans le foie de mouton, comme Redi et Swammerdam, il ne comprend pas le cycle de vie de l'animal complexe, lequel ne sera élucidé que bien plus tard.
L'intérêt de Leeuwenhoek se porte sur des objets très variés et ne semble pas suivre un plan prédéfini. Ses observations en zoologie sont nombreuses. Leeuwenhoek observe que l'anguillule du vinaigre (*Anguillula aceti*) est vivipare, ce qui confirme son opposition à la théorie de la génération spontanée. Il étudie les globules rouges de nombreux animaux et de l'être humain, ainsi que le réseau sanguin de la queue du têtard, du pied des grenouilles, de la nageoire caudale de l'anguille, et de l'aile des chauves-souris.
Leeuwenhoek décrit la structure de divers phanères : plumes de plusieurs espèces d'oiseaux, poils ou fourrures d'ours, des écailles de poissons.
Comme d'autres microscopistes de son époque, il étudie l'anatomie de nombreux insectes comme des abeilles, des moucherons, des puces, des punaises, des vers à soie. Il est le premier à observer la différence de posture des larves de moustiques (*Culex* et *Anopheles*).

En botanique, il étudie la structure des feuilles et du bois de diverses espèces. Il s'intéresse à la relation entre la structure de diverses épices et leur goût (café, poivre, thé, muscade, gingembre, sauge, etc.). Toutes les observations de Leeuwenhoek ne sont pas consacrées à des objets du monde vivant. Ainsi, il étudie et décrit la poudre à canon avant et après sa combustion. Il étudie de même la structure de divers métaux ainsi que des roches, des cristaux, des sels, etc. Leeuwenhoek, dans une lettre datée du 25 avril 1679, donne la possible première estimation de la population maximale que pourrait porter la Terre. Il se base sur la densité de la Hollande à son époque, soit 120 personnes par kilomètre carré, et estime que la Terre pourrait accueillir 13,4 milliards d'êtres humains au maximum.

Le jugement des historiens

Leur jugement semble peu clément. Ainsi, Julius von Sachs (1832-1897), dans son *Histoire de la botanique*, dit que : *« Tous ces travaux de botanique sont marqués au coin d'un caractère superficiel qui témoigne d'occupations purement accidentelles et passagères. L'intérêt qu'il éprouvait pour les problèmes de la philosophie de la nature, qui régnait à l'époque dont nous parlons, pour ceux en particulier qui touchent au domaine de la théorie de l'évolution, la curiosité pure et le désir d'aborder des questions mystérieuses, inaccessibles au commun, amenèrent Leeuwenhoek à entreprendre les études dont nous avons parlé. Mais, il ne sut pas coordonner les résultats de ses observations de manière à se faire une idée exacte de la structure végétale dans son ensemble. »* Sachs reconnaît néanmoins la qualité des observations de Leeuwenhoek qui démontre, selon lui, la grande puissance des lentilles réalisées par le savant néerlandais.
Julius Victor Carus (1823-1903), dans son *Histoire de la zoologie*, écrit : *« Il fut en quelque sorte le premier de ces amateurs qui ne demandent au microscope qu'un tranquille amusement. [...] Il n'y a presque pas de systèmes anatomiques que Leeuwenhoek [sic] n'ait enrichi de faits importants »*. Pour Carus, *« On ne fit guère de progrès depuis lui jusqu'à O.-F. Muller »*.

Son nom a été donné à la médaille Leeuwenhoek attribuée par l'Académie royale des arts et des sciences néerlandaise depuis 1877 et récompensant l'œuvre d'un microbiologiste.

Dernières interrogations, dernières réponses

C'est Antoni van Leeuwenhoek qui a fait les observations les plus précises, car il les a fait grossir avec son microscope de 300 fois, alors que Robert Hooke ne l'a fait que de 30.

Pascal a dit : « *La chose la plus importante à toute la vie est le choix du métier : le hasard en dispose.* »

À sa mort, Antoni van Leeuwenhoek léguait vingt-six microscopes de sa collection à la Royal Society de Londres, dont il était membre depuis 1680. Rien, apparemment, ne prédisposait Leeuwenhoek aux études qu'il poursuivit durant sa longue existence, encore qu'on puisse imaginer que c'est l'usage de la loupe, servant aux drapiers pour juger de la qualité des tissus, qui a dû l'inciter à se servir de cet instrument pour examiner des objets difficilement accessibles aux observations à l'œil nu.
Car, c'est chez un drapier d'Amsterdam que le jeune Leeuwenhoek, dans sa seizième année, va manier la loupe pour la première fois entre deux travaux de comptabilité. Son oncle, chargé de son éducation après la mort de son père, alors qu'il n'avait que cinq ans et que sa mère s'était remariée, l'avait placé là pour qu'il s'initie aux techniques du commerce.
C'est à Amsterdam qu'il fait la connaissance de Jan Swammerdam, de cinq ans son cadet, qui l'a un jour surpris devant l'officine d'apothicaire de son père, alors qu'il admirait, au travers des vitres, les animaux empaillés et les bocaux. Jan l'avait invité à visiter ces merveilles et son grenier, où il élevait des poissons, confiant à son nouveau compagnon que son père avait bien tort de ne conserver que des bêtes mortes. L'enthousiasme de Leeuwenhoek devant cette révélation fut, sans aucun doute, à l'origine de son premier élan de curiosité vers le monde vivant. Son séjour à Amsterdam fut relativement

court puisqu'il revient à Delft en 1654. Il épouse, la même année, Barbara de Mey, fille d'un marchand de tissus. Dès lors, il ne devait pratiquement plus quitter cette ville où il allait poursuivre une des plus étonnantes aventures scientifiques.
Dans une maison située sur l'Hippolytusbuurt et au fort joli nom, « La Tête d'Or » (Het Gouden Hoofd), il pratique tout naturellement la vente de tissus. Toutefois, il ne tarde pas à solliciter, dès 1660, une charge auprès de la municipalité de sa ville et c'est ainsi que, la même année, il se voit confier certaines tâches au titre de *kammerbewaarder* près du conseil de la cité.
Sans doute, avait-il déjà à l'esprit de se libérer au mieux des servitudes de son commerce pour réserver son temps à des occupations plus personnelles. Il restera auprès du conseil municipal de Delft jusqu'à sa mise à la retraite, à l'âge de soixante-dix ans. Il y occupera, après un examen de géomètre, le poste d'inspecteur des « mesures du vin », qu'il conjugua d'ailleurs avec ses travaux d'employé.
Ces détails ne sont pas inutiles. Ils font comprendre comment Leeuwenhoek a pu tout à la fois conduire ses travaux scientifiques et assurer la subsistance de sa famille. Celle-ci vécut certainement dans une large aisance puisqu'à sa mort, Leeuwenhoek a légué à sa fille, Maria, la coquette somme, pour l'époque, de soixante mille florins.
Les deuils ne devaient pas l'épargner. S'étant remarié après le décès de Barbara, en 1666, il perdit sa seconde épouse, Cornelia Swalmius, en 1694. De ses cinq enfants, seule, survécut sa fille, Maria, qui devait demeurer en sa compagnie tout au long de sa longue existence.
Ces microscopes, dont il confectionna plus de cinq cents exemplaires, n'étaient en fait que de simples loupes. La lentille de verre, minuscule, était glissée et fixée entre deux plaques métalliques percées d'un orifice. Leur taille n'excédait guère 4 centimètres sur 2 centimètres environ. On peut supposer qu'ayant décidé de se consacrer à l'observation de « menus objets », Leeuwenhoek fut conduit à la confection de microscopes après avoir rencontré, à Amsterdam, le bourgmestre Hudde, qui, de son côté, construisait des microscopes simples, dès 1663, paraît-il.

A l'époque, l'Anglais Robert Hooke, dans sa célèbre *Micrographia* (1665), décrit les procédés qu'il a utilisés au cours de ses observations avec un microscope composé. Leeuwenhoek en eut certainement connaissance à la faveur d'un voyage qu'il effectua à Londres en 1668. Or, la connaissance des travaux de Hooke l'avait engagé à se tourner vers l'usage d'une seule lentille. Il sut discerner en effet les avantages que présentait alors le microscope simple sur le microscope composé. Leeuwenhoek gardait jalousement le secret sur les détails de fabrication de ses appareils, refusant même d'accéder au désir des membres de la Royal Society de Londres, qui lui avaient délégué l'un des leurs, Thomas Molyneux, avec mission de leur rapporter l'un de ces fameux instruments.

On dispose cependant que d'une certitude. On sait que Leeuwenhoek allait fréquemment rendre visite, à Delft, à un souffleur de verre, Geurt Derksz, et à un orfèvre, Ewout Bregge, ce qui, de la part d'un drapier, ne manquait certes pas d'intriguer ses concitoyens. On peut imaginer, avec quelque vraisemblance, qu'il commença à utiliser de fines baguettes de verre dont il chauffait une extrémité à la flamme d'une chandelle ou d'une lampe à huile afin d'en provoquer la fusion, et obtenir une gouttelette. Refroidie, elle était fixée sur une tablette de bois avec de la cire et polie ensuite, d'abord avec une pierre à aiguiser, puis au sable fin, jusqu'à la formation d'une petite lentille biconvexe qui était finalement sertie entre les deux plaques du châssis. Mais, d'après Leeuwenhoek lui-même, cette méthode ne lui convenait guère et, très vite, il préféra tailler directement ses lentilles à partir d'échantillons de verre. Cependant, ses plus fortes lentilles durent être obtenues par une technique de soufflage du verre.

Leeuwenhoek n'utilisait jamais la lumière du jour. Il travaillait dans l'obscurité, la flamme d'une chandelle lui servant de source lumineuse. En raison de la très faible ouverture utile de la lentille, limitée aux alentours d'un millimètre de diamètre, il la tenait collée contre l'œil. Il dut très vite abandonner toute observation en lumière directe, employant, sur le côté, un miroir concave, peut-être aussi une lentille biconvexe, lui permettant de faire converger les rayons lumineux sur son échantillon. Il fut parmi les premiers à pratiquer l'éclairage latéral sur fond noir.

Les spécimens pouvaient être observés directement, fixés sur l'extrémité d'un stylet de l'appareil, derrière la lentille, mais il dut confectionner des tubes capillaires de verre, attachés sur le stylet, lorsqu'il voulut explorer le contenu de certaines suspensions. Il construisit aussi des appareils spécialement conçus pour suivre la circulation du sang dans les capillaires de l'extrémité caudale des jeunes anguilles. Ces *aalkijker* consistaient généralement en un tube de verre rempli d'eau où était placé l'animal, la tête en bas. À l'extrémité supérieure de l'appareil, devant laquelle se trouvait tournée la queue de l'anguille, était fixée la lentille grossissante.

Sur la totalité des microscopes fabriqués par Leeuwenhoek, et dont la plupart avaient déjà été vendus aux enchères après la mort de sa fille, il n'en existe plus actuellement que neuf. Trois sont en argent, six en cuivre. Un est dépourvu de lentille. Les autres ont des grossissements qui s'échelonnent de x 69 à x 266. Certains des microscopes de Leeuwenhoek étaient en or. Ils ont disparu comme tous ceux faits de plaques d'argent. Toutefois, à propos de ces derniers, on possède d'excellentes informations sur leurs performances grâce aux analyses qu'a faites Baker en 1740. En effet, dans ce lot des vingt-six microscopes dont il a pu disposer à l'époque, les grossissements vont de x 50 à x 200.

On suppose que le plus fort grossissement qu'ait pu obtenir Leeuwenhoek a dû atteindre x 480. On demeure confondu devant la virtuosité qu'il a acquise dans la confection de ses lentilles, dont la qualité, inégalée à l'époque, lui a valu une réputation universelle.

Sa méthode pour estimer la taille des échantillons qu'il observait est pour le moins curieuse à nos yeux. Il la comparait à celle du diamètre d'un grain de sable de mer, étant entendu que cent de ces grains alignés côte à côte représentaient la longueur d'un pouce (2,60 cm env.). Le grain de sable servait d'échelle de mesure, son image et celle de l'échantillon observé étant comparées l'une à l'autre. Il en déduisait même la surface et le volume de l'objet. C'est ainsi, par exemple, qu'il estimait à vingt-cinq mille, le nombre de globules rouges du sang humain, contenus dans le volume.

Cet homme possédait un don prodigieux de curiosité. Cette tendance naturelle fut renforcée sans doute après le décès de sa

première épouse, le veuf ayant cherché dans l'étude une source de consolation.
Il n'est pas interdit de rêver, de retrouver Leeuwenhoek et sa première lentille, de le voir examiner quelque échantillon minuscule recueilli dans sa pièce, œil de mouche, dard d'abeille ou cheveu, et découvrir, s'étonner, éprouver le besoin de retranscrire, de dessiner ce qu'il a vu, de s'estimer insatisfait de ce premier travail, d'entreprendre l'ébauche d'une seconde lentille, de la polir avec encore davantage de soin qu'il n'en avait prodigué à la première, puis de reprendre l'observation, de s'émerveiller à nouveau et de prendre conscience qu'il convient d'être encore plus exigeant.
On situe le début de ses recherches vers 1671, alors qu'il atteignait l'âge de trente-neuf ans, mais il est fort probable qu'il devait déjà travailler à ses microscopes dès l'année 1668.
Dès lors, allait commencer une succession étonnante de découvertes qui, pendant un demi-siècle, allaient jalonner sa vie. On les suit à la perfection dans ses quelques deux cent cinquante lettres, rédigées en néerlandais, dont il adressa la plupart à la Royal Society. Il devait, à l'aimable intervention de ses compatriotes Reinier De Graaf et Christian Huygens, de s'être fait connaître auprès de cette compagnie, grâce aussi à l'appui de Robert Hooke, le créateur du terme « cellule ».
Leeuwenhoek est le premier qui, en 1674, révèle par écrit l'existence des globules rouges sanguins chez l'homme. Dans la description qu'il en donne ultérieurement, en 1678, bien des erreurs apparaissent quant à leur morphologie. Il tenait en effet chaque globule comme regroupant six autres petits globules, chacun étant lui-même constitué de six autres encore plus petits. Il a cependant très bien vu le noyau des érythrocytes sanguins chez les oiseaux et les poissons, ainsi qu'on le voit sur certains de ses dessins, les premiers à illustrer l'existence du noyau cellulaire. Il a noté aussi la forme ovale de ces érythrocytes et, à cet égard, il a même eu la curiosité de suivre la circulation du sang dans les ailes membraneuses d'une chauve-souris et dans ses oreilles, sans doute pour essayer précisément de déterminer si l'on devait, ou non, tenir cet animal pour un « oiseau ». Or, il a retrouvé la forme arrondie des globules de mammifères, ce qui a d'ailleurs fait écrire à Baker : *« Ainsi, conformément à son observation [...], nous n'hésiterons pas plus longtemps de*

placer cette étrange créature parmi les animaux terrestres, nonobstant les ailes ». Qui eut jamais pensé que, pour lever cette incertitude, c'est le globule sanguin qui devait fournir la réponse?

Que Leeuwenhoek ait contribué, après la découverte de la circulation du sang par William Harvey (1578-1657), à l'étude de ce phénomène, nul n'en doute à présent. En effet, si Harvey a eu le mérite de découvrir la circulation générale, dont il donne sa conception dans *Y Exercitatio anatomica de motu cordis et sanguinis in animalibus* (1628), il fut cependant incapable, ne se servant pas du microscope, de démontrer comment le liquide sanguin passait, à la périphérie, des artères dans les veines, encore qu'il ait déduit avec conviction que la circulation du sang obéissait à des circuits clos. Or, Leeuwenhoek, après quelques tentatives faites dès 1674, puis en 1683 et en 1685, devait, en 1688, en apporter la preuve définitive en examinant les capillaires sanguins dans les branchies et la queue de têtards de grenouille. Certes, ses observations avaient été précédées par celles de Marcello Malpighi, qui les rapporte, en 1661, en étudiant le poumon de la grenouille. Mais, c'est ici que le talent d'observateur de Leeuwenhoek intervient pour confirmer sans défaut les déductions de Harvey. Il décrit, en effet, avec une précision étonnante que de gros vaisseaux se divisent en de très nombreux plus petits, le sang se dirigeant vers l'extrémité de la branchie, et que ces vaisseaux fusionnent pour en donner d'autres, plus gros, par lesquels le sang quitte l'extrémité de la branchie. Il découvre ainsi les anastomoses entre artérioles et veinules, et le mécanisme de l'« aller-retour » sanguin se trouvant définitivement établi dans sa lettre du 7 septembre 1688.

La naissance de la protistologie et de la bactériologie

Leeuwenhoek explorait tout et partout, dans sa pièce de travail, certes, où quelque malheureux insecte lui offrait fort à propos ses ailes, ses pattes ou son aiguillon, mais il conduisait aussi ses pas aux alentours de Delft, vers les mares et les ruisseaux.
Le 6 septembre 1674, il rédige une missive faisant suite à des observations portant sur des prélèvements effectués dans l'eau du lac de Berkel, et l'on fixe à cette date les premières descriptions faites des êtres microscopiques. Cependant, ses observations les plus significatives ne seront rapportées que dans une lettre du 9 octobre 1676. Car, dans ce laps de temps, Leeuwenhoek a exploré nombre de milieux divers : eau de pluie, des canaux et des fossés, eau de mer, infusions variées préparées avec des grains de poivre, de gingembre, avec des noix de muscade, des clous de girofle, etc.
C'est un monde prodigieux, dans sa diversité, qu'il découvre, dont il relate la richesse dans sa correspondance, qui fut présentée les 1er, 15 et 22 février 1677, devant les membres de la Royal Society. À la fin de la même année, Robert Hooke témoigne devant eux de l'exactitude des faits observés et c'est un accord unanime qui salue ces découvertes. La protistologie était née.
Mais, plus étonnant encore, la bactériologie elle-même naissait. Car, il est indiscutable que Leeuwenhoek découvrit l'existence des bactéries, dont il relate d'ailleurs que ces *« êtres »*, qui se meuvent *« de la façon la plus réjouissante »*, sont si petits qu'il en tiendrait plus d'une centaine, alignés le long d'un grain de sable. Certains auteurs, tel Kluyver, fixent même la naissance de la bactériologie à la date du 24 avril 1676. Il est vrai que Leeuwenhoek indiquait souvent, dans ses lettres, les dates de ses observations et que l'on dispose ainsi d'un précieux registre de la chronologie de ses découvertes. Quelques années plus tard, en 1683, dans sa lettre du 17 septembre, Leeuwenhoek

fournira des dessins de bactéries provenant de la plaque dentaire. Ce sont les premières illustrations que l'on possède du monde bactérien. Certes, il ne pouvait en appréhender la signification, mais, à bien des égards, il a fait preuve d'une profonde intuition en estimant que ces êtres eux-mêmes devaient intervenir dans le système des équilibres du monde vivant.

La découverte des spermatozoïdes

par les Drs Henri Lamendin & Xavier Riaud

Un jour de l'année 1677, un étudiant en médecine, Johan Ham, est venu de Leyde rendre visite à Leeuwenhoek. Attiré très certainement par sa renommée d'observateur et désirant bénéficier de ses conseils, il lui confie qu'il a observé des « animalcules » vivants dans la semence d'un de ses malades atteint de gonorrhée, et qu'il est tenté d'attribuer leur présence aux conséquences de cette maladie. Il lui apporte une fiole de verre contenant le sperme de son patient.

Encore que nous soyons peu fixés sur l'attitude de Leeuwenhoek au cours de cette visite, on ne saurait nier, cependant, qu'il a eu l'idée de vérifier sans retard les dires de son jeune visiteur. Après avoir vu effectivement les animalcules dans la semence qui venait de lui être confiée, avoir jugé de leur vitalité, il observe aussi, quelques heures plus tard, que ces « créatures » sont mortes. Mais, il lui fallait aussi vérifier si Ham avait quelques raisons de défendre ses arguments. Il lui suffisait, certes, de rechercher si de tels « animalcules » se trouvaient, ou non, contenus dans le sperme d'un individu parfaitement indemne, ce qu'il ne tarde pas à faire. C'est de la sorte qu'il aura le privilège d'observer des spermatozoïdes et d'être le premier à avoir cherché leur signification.

Si Leeuwenhoek a eu quelques scrupules à faire paraître ses observations, laissant au soin des membres de la Royal Society, dans une lettre de novembre 1677, d'en juger l'intérêt sans choquer qui que ce soit, il a pu apprécier qu'elles n'étaient ni *« répugnantes »*, ni *« scandaleuses »* comme il le craignait, le secrétaire Lord Brouncker, non seulement l'autorisant à les divulguer, mais l'encourageant vivement à poursuivre ses investigations sur les animaux. C'est ainsi que Leeuwenhoek étudiera les spermatozoïdes chez une trentaine de représentants de vertébrés et d'invertébrés : mammifères (rat, chien, mouton...), oiseaux (coq), amphibiens (grenouille), poissons (brochet, perche, saumon...), insectes (hanneton, moustique, pou...), mollusques (huître, moule d'eau douce...), etc. Il consacrera encore son attention à cette étude, en 1717, alors qu'il atteignait l'âge de quatre-vingt-cinq ans.

Dans une lettre du 26 juillet 1683 sur ces « animalcules », il fait une comparaison qui nous paraît actuellement amusante : *« Ayant estimé que, dans la semence d'un merlu, dix mille de ces « petits animaux à longue queue » peuvent être contenus dans un grain de sable, il en déduit que la laitance d'un de ces poissons contient, à elle seule, plus de petits animaux vivants qu'il y a d'hommes vivants sur toute la surface du globe. »*

C'est à l'occasion de ces travaux que Leeuwenhoek étudie la fécondation chez les amphibiens, notant l'absence d'appareil copulateur chez les mâles et cherchant à comprendre comment la fécondation peut s'effectuer à l'extérieur du corps de la femelle, alors qu'à l'époque on niait qu'elle fût possible. La question ne devait être tranchée qu'un siècle plus tard grâce aux célèbres expériences de Spallanzani (1780).

On doit évoquer la controverse qui s'est élevée au sujet de la priorité de la découverte des spermatozoïdes. Elle eut lieu entre Leeuwenhoek et son compatriote Nikolaas Hartsoeker (1656-1725), qui fut médecin et micrographe réputé. Celui-ci a en effet soutenu, dans un essai publié à Paris, en 1694, avoir observé, dès 1674, ces petits « animaux » contenus dans le semen masculinum, évoquant pour lui la physionomie de « petits crapauds » ou de « jeunes grenouilles ». En fait, on sait maintenant qu'il fut très certainement l'auteur d'un détournement blâmable. Leeuwenhoek l'avait en effet reçu à Delft et lui avait fait part de sa découverte. Hartsoeker, sans aucun scrupule, avait essayé d'en tirer le bénéfice, dès 1678, dans une correspondance du 29 août adressée au *Journal des Savants*. Il est une autre interprétation possible à ce litige. Hartsoeker aurait bien observé des spermatozoïdes, dès 1674, mais la pudeur - il n'avait à l'époque que dix-huit ans - l'aurait empêché d'en parler. S'en étant confié cependant à Huygens, il lui fit observer, paraît-il, ces animalcules, mais Huygens s'est borné à écrire, dans une correspondance, que cette découverte fut faite en Hollande, sans plus... En fait, si Hartsoeker a pu voir, avant Ham, les spermatozoïdes, c'est bien à Leeuwenhoek que revient le seul mérite d'avoir publié, le premier, ses observations ayant, avec l'accord de la Royal Society de Londres, surmonté des scrupules qui, peut-être, avaient paralysé Hartsoeker. Ne va-t-on pas, enfin, jusqu'à prétendre que Huygens lui-même aurait tenté de s'attribuer la paternité de cette découverte, sans doute après les confidences d'Hartsoeker, mais l'affaire n'a pas eu de suite.

On doit évoquer ici la contribution qu'apporta Leeuwenhoek, à sa manière, dans la controverse sur la génération spontanée, qui ne devait s'éteindre définitivement qu'avec les remarquables recherches de Pasteur. Il a participé directement aux recherches visant à trancher cette question. En effet, dès 1676, quand il eut observé les animalcules grouillant dans l'eau, il s'est d'abord demandé s'ils naissaient spontanément d'*« une ségrégation fortuite des particules de l'eau »*, mais, très rapidement, il abandonne cette idée et avance que ces animalcules, ou du moins leur « semence », préexistaient dans le milieu où il les avait décelés.
Or, il advint que Leeuwenhoek fut informé des expériences de Francesco Redi (1626-1697), savant, philosophe et poète italien, dont il a publié les résultats, en 1668, dans son livre *Experienze inlorno alla generazione degl'Insetti.*
Il a utilisé une méthode très simple. Il disposait de flacons contenant des morceaux de viande, qui allaient se putréfier, les uns ouverts à l'air, les autres recouverts d'une fine gaze s'opposant à la pénétration de mouches. Il avait observé que si des larves naissaient dans les premiers, aucun asticot ne se développait dans les seconds. C'était apporter la preuve irréfutable que les larves de mouches ne naissaient pas spontanément dans une viande avariée, ainsi qu'on le croyait à l'époque, mais des « germes » déposés par les mouches.
Leeuwenhoek, tout aussitôt, va s'efforcer de reproduire ces expériences au sujet de ses « animalcules ». Mais, elles furent mal conduites et il ne put trancher comme devait le faire Spallanzani (1765) avec ses célèbres recherches sur les infusoires. Il n'en garde pas moins le mérite d'une très belle initiative.
Sa conviction cependant n'était pas entamée et l'on sait qu'en 1687 (voir sa lettre du 17 octobre), Leeuwenhoek a pratiqué des

expériences dans le style de celles de Redi pour convaincre un chirurgien que les « vers » contenus dans une pièce anatomique qu'il lui avait apportée - un ganglion extrait de la jambe d'une patiente - étaient nés des œufs pondus par une *« certaine espèce de mouche »*. Il reprendra d'ailleurs son argumentation avec force en 1694, contre les assertions favorables à la génération spontanée soutenues par un jésuite, le père Filippo Buonanni.

Leeuwenhoek réserve encore bien d'autres surprises. En 1695, il découvre la viviparité chez les pucerons, car il écrit ceci à leur sujet : *« Ce qui m'a paru le plus extraordinaire, c'est que je n'ai découvert aucune de ces bestioles, qui soit de taille moyenne, que je n'aie pu en sortir des petits en formation... »* Il ajoute aussi, à la suite de ce commentaire : *« ...Jamais, il ne m'est arrivé de tomber sur une bestiole quelconque que l'on puisse considérer comme mâle »*.
Quelques années plus tard, en 1700, ayant vérifié ces premières observations, il en arrive effectivement à concevoir que les pucerons puissent donner naissance à *« des petits sans copulation avec le mâle »*. Il est ainsi le premier à observer la parthénogenèse chez les pucerons, qui devait être analysée, en 1740, par le jeune Suisse Charles Bonnet (1720-1793), alors que Réaumur (1683-1757), la soupçonnant lui aussi, n'a pu en apporter la démonstration.
Leeuwenhoek ne devait malheureusement donner aucune suite cohérente à ses réflexions, embarrassé qu'il a été de pouvoir fournir une explication à ses observations. Il était en effet du côté des « animalculistes », ou « spermatistes », pour qui l'embryon, mâle ou femelle, devait être issu tout entier du « ver spermatique » de la semence, celui-ci trouvant dans l'ovule uniquement de quoi se nourrir pour grandir à son aise.
Dès lors, on imagine quels soucis ont dû lui causer cette absence de mâles et ces curieux ovules qui ne donnaient que des femelles.

On connaît les descriptions que fit Leeuwenhoek de quantités d'animaux microscopiques, découvrant l'existence des infusoires et celle des rotifères, dont il fait état dès 1676, ces petites créatures portant une *« espèce d'ouvrage à roue tournant en rond »*, et chez qui il allait découvrir l'étonnante faculté de

résistance à la dessiccation. Car, ses observations sont sans équivoque et on mesure ici la hauteur de son esprit de déduction. C'est en effet après avoir récolté un peu de boue humide dans une gouttière qu'il découvre ces petits êtres et il n'est pas sans penser, tout naturellement, qu'en cas de pénurie prolongée de pluie, cette boue se dessèche. Rêvons encore, au passage, et imaginons Leeuwenhoek fort intrigué de savoir si ces animaux demeurent, ou non, vivants dans un tel milieu, encore que dans ses écrits, il témoigne, a priori, d'un certain doute. Mais, il tranche en allant droit au but. Il plonge dans l'eau un peu de cette boue sèche et a la grande surprise d'y trouver, et d'y voir « renaître », sous ses yeux, ces animalcules.
Il compare leurs formes normales à celles qu'ils prennent sous dessiccation, notant qu'ils se rétrécissent et deviennent immobiles alors que l'eau leur permet d'étendre leur corps *« dans l'espace d'environ une demi-heure »*. Les phénomènes de vie latente et de reviviscence venaient d'être découverts. Leeuwenhoek les relate très précisément dans sa lettre du 9 février 1702. Il ouvrait ici un nouveau chapitre de recherches dans lesquelles devaient aussi se faire connaître non seulement Spallanzani, mais encore, avant lui, les célèbres abbés John Turberville Needham (1713-1781) et Felice Fontana (1730-1805), qui ont, de leur côté, expérimenté sur la reviviscence de « petites anguilles » découvertes dans des grains de blé.

Leeuwenhoek a aussi été le premier à observer la levure de bière. Il en fait état dans une lettre du 14 juin 1680, où il discute aussi de la formation des bulles au cours de la fermentation. Ici encore, comme à propos des globules du sang, ses observations sont erronées, car il décrit qu'un « globule » de levure est constitué de six petits « globules », ayant certainement vu des conglomérats cellulaires sans identifier les cellules elles-mêmes. Mais, il lançait ainsi les premières recherches sur la fermentation.

L'attention de Leeuwenhoek devait aussi se porter sur l'étude des fibres musculaires striées, celles que l'on nommait « charnues » à l'époque. Si son regard s'est tourné à l'occasion sur la baleine, le bœuf et le rat furent surtout l'objet de ses préoccupations. Il note que chaque fibre est composée de plusieurs fibrilles, chacune étant revêtue d'une fine membrane riche en vaisseaux sanguins. Il découvre aussi la striation transversale. Selon Baker, *« Il a trouvé aussi que les fibres d'un rat étaient de la même grosseur que celles d'un bœuf, quoique trente mille rats n'égalent pas un bœuf en grosseur, d'où il conclut que la différente grandeur des animaux provenait uniquement du plus grand ou du plus petit nombre de fibres et de leur longueur »*.

Les os, les nerfs ou encore la structure du cristallin n'échappèrent pas non plus à la sagacité de ce précurseur.

Les végétaux eux-mêmes ne devaient pas être oubliés par Leeuwenhoek. Ainsi, dans les *Arcana naturae détecta* (1695-1719), regroupant tout un ensemble de ses lettres, il décrit les vaisseaux ponctués et réticulés.

Il a étudié aussi les faisceaux libéro-ligneux des monocotylédones et des dicotylédones, et a noté leur disposition éparse chez les premières et leur distribution circulaire chez les secondes. La présence d'amidon, de formations cristallines ne lui a pas échappé...

Pour avoir une idée de la puissance d'observation de Leeuwenhoek, reprenons ici, ce que Baker écrit dans son chapitre consacré aux « feuilles » : *« M. Leeuwenhoek, ayant mis en pièces une feuille de l'espèce de buis nommée palmaceris, pour pouvoir mieux l'examiner, trouva dans l'un de ses côtés 172 090 pores, et, comme l'autre côté devait en avoir autant, le nombre entier des pores dans une feuille simple de buis devait être de 344 801 »*.

On sait désormais comment Leeuwenhoek a pu observer avec autant de précision toutes ces structures. Les découvertes de Ford ont montré en effet que Leeuwenhoek sut maîtriser la confection des coupes fines au rasoir, dès l'année 1674, au début de ses recherches. Il fondait ainsi la microtomie, encore que son mérite soit partagé avec Robert Hooke, dont les dessins des « cellules » du liège ont été réalisés à partir de l'observation de coupes transversales et longitudinales, et, assurément, avec

Marcello Malpighi et Nehemiah Grew (1641-1712), qui étudièrent de nombreuses coupes de végétaux. Mais, Leeuwenhoek conserve le privilège d'avoir étendu la méthode des coupes au matériel animal.

Pour terminer, on ne saurait citer, sans en omettre, tous les animaux observés par Leeuwenhoek : anguillules du vinaigre dont on pensait *« que l'âcreté du vinaigre venait de ce que ces animaux frappaient la langue et le palais de leurs queues pointues... »*; hydres d'eau douce dont il observe, pour la première fois, la reproduction asexuée par bourgeonnement, qui devaient rendre célèbre le Suisse Abraham Trembley (1710-1784), qui découvrit, en 1740, leur étonnant pouvoir de régénération; pou de corps à propos duquel il tranche de manière définitive la question qui se posait à l'époque de savoir s'ils étaient, ou non, *« hermaphrodites »*, car il découvre *« l'aiguillon »* des mâles *« à leur queue »*, les femelles en étant dépourvues, et précisant même que : *« Si on les prend rudement à la main, on les voit pousser en dehors leur aiguillon »*; araignées chez qui il recherche la source venimeuse ; insectes dont il étudie, notamment, les yeux, dénombrant par exemple : *« Six mille deux cent trente-six petits yeux dans les deux yeux du ver à soie lorsqu'il est dans l'état de mouche »*.

Et tant d'autres recherches difficiles à énumérer, au point que le vertige nous saisit…

Le bilan d'une vie

Découvrant les « globules » sanguins, les êtres unicellulaires, les bactéries, la reviviscence, Leeuwenhoek a aussi fourni une contribution décisive au problème de la circulation du sang, à l'identification des spermatozoïdes. Histologiste et cytologiste, il a jeté les bases de la micrographie avec Hooke, Malpighi et Grew notamment, science qui se développera au XVIIIe siècle avec les grands noms de Ledermüller, Müller ou encore Gleichen, prédécesseurs des grands découvreurs dans ce domaine. On voit que Leeuwenhoek a eu une « carrière » scientifique étonnante. D'autant qu'il n'était pas pourvu de grade universitaire et de formation, ne possédant pour s'exprimer que sa langue natale en un temps où l'ignorance du latin ne permettait guère de considération. Mais, ces désavantages, qui pouvaient faire obstacle à sa réussite, devaient bien au contraire la favoriser, car il a échappé à tout esprit d'école, n'a pas subi la contrainte des doctrines alors en vigueur.
Sa renommée fut mondiale et l'on sait qu'il fut élu membre de la Royal Society. Les souverains d'Angleterre, de Russie et d'Allemagne ont sollicité la faveur de le rencontrer à Delft. Leibniz lui témoignait une grande estime. Il a eu l'amitié et l'appui de De Graaf, de Hooke, de Huygens. En 1716, l'université de Louvain a fait frapper une médaille à son nom.
Si vous passez à Delft, vous pourrez voir une sépulture dans la vieille église, la *Oude Kerk*, de l'ancienne ville. C'est là que repose, auprès du mausolée que fit édifier sa chère fille Maria, l'un des plus grands curieux de la Nature, un autodidacte de génie dont l'œil a su voir et l'esprit, s'émerveiller (Robert Delavault. Les précurseurs de la biologie. De l'anatomie à la biologie expérimentale).

Leeuwenhoek et sa fille

31 août 1723. Delft s'éveille dans sa lumière retrouvée. Une aube claire perce enfin dans cet été maussade. La veille encore, le ciel disparaissait derrière d'épais nuages noirs roulant lourdement, s'effilochant parfois avec les humeurs du vent, mais surgissant toujours plus denses et plus menaçants. Vers le milieu de la nuit, la horde nuageuse capitulait enfin, s'enfuyait vers le sud. Le souvenir des pluies demeurait avec de légères vapeurs s'élevant lentement de la terre gorgée d'eau, du pavé des rues, des flaques boueuses semées par les venelles.
La douceur de Delft renaissait. Tout au long des canaux où jouaient, sur l'onde calme, les premiers reflets scintillants du soleil, ses maisons commençaient à offrir, au regard, l'harmonieuse suite de leurs étroites façades. Tôt levés, les bateliers avaient détaché les amarres avant de conduire vers le port leurs barges chargées de barriques de bière et de vin, de balles de tissus, de tuiles, de caisses au contenu précieux et fragile, de faïences bleues dont l'engouement avait gagné l'Europe entière. Ils n'avaient pas tardé à quitter les quais, manœuvrant à grands coups de rames, réveillant les canards qui s'ébrouaient, nasillaient et, d'un élan, allaient s'ébattre sur le canal où leur sillage se perdait dans les remous de la flotille aux coques bariolées.
Sur les chaussées, les premiers charrois roulaient vers le cœur de la ville, rejoignaient la place du marché où seraient déchargés les fromages, les fruits, les légumes et les épices. Les jurons des charretiers dominaient le bruit de ferraille des roues qui heurtaient le pavé raboteux. La cité s'animait aux premières heures de cette matinée d'été.
Seule, dans l'Hippolytusbuurt, « la Tête d'Or », fenêtres closes et façade tendue de noir, demeure silencieuse, dans la rumeur naissante du voisinage. La nouvelle de la mort d'Antoni van

Leeuwenhoek, survenue cinq jours auparavant, s'est très vite propagée par la voix des prieurs publics dans les rues, les allées, les ruelles et de maison à maison. La renommée d'Antoni avait fait taire les imprudents bavards et semé des remords dans le cœur des moins indulgents. Aujourd'hui, les habitants songent avec tristesse à l'homme qui a poursuivi sa longue existence dans cette maison où, drapier dans sa jeunesse, l'attendait un tout autre destin.
Le carillon sonne sept heures au clocher de la nouvelle église et, tout aussitôt, en écho, les cloches de la vieille église égrènent les notes du premier glas. Le tintement plein et profond entre par les baies des maisons voisines, se faufile alentour, gagne en faiblissant les quartiers éloignés et meurt dans les vergers, et la campagne, au-delà des moulins perchés sur les remparts de la ville. À l'intérieur de la maison qui la vit naître, voici soixante-sept ans et qu'elle n'a jamais quittée, vivant dans l'ombre de son père, Maria attend les premiers visiteurs. Toute cette nuit encore, aux côtés du fidèle docteur Hoogvliet, elle a veillé Antoni qui s'est éteint doucement après avoir dicté une dernière lettre destinée à ses amis de Londres, où il les entretient, une fois de plus, des globules rouges et leur décrit les signes de sa maladie.
Voici le bourgmestre entouré des échevins et des notables. Avec eux, la ville de Delft rend hommage au défunt, aux qualités qu'il n'a cessé d'exercer du temps où il participait aux tâches que la cité lui avait confiées. Suivent les représentants des corporations et leurs syndics, drapiers, tonneliers, menuisiers, bateliers, bouchers, poissonniers, pêcheurs, faïenciers. Tous ont connu Antoni dans quelque affaire qui requérait son aide ou ses conseils. Ils entrent, s'inclinent et prient devant le cercueil encore ouvert, posé sur des tréteaux. Antoni repose dans le vestibule au rez-de-chaussée, les pieds tournés vers la porte d'entrée selon la coutume. Un léger rai de soleil se glisse entre les tentures tirées contre les fenêtres et se mêle à la lueur des chandelles.
Le recteur de l'université de Louvain entre à son tour. Son ample cape noire retenue aux épaules par une chaînette s'ouvre sur la poitrine où pend un collier aux maillons d'or alourdis du sceau de l'université. Il se penche vers Maria : *« Je me souviens de l'hommage que nous rendîmes à votre père ; c'était un*

homme éminent et qui en était digne. » Maria incline la tête. À petits pas, elle accompagne l'honorable personnage auprès d'Antoni. Sur une petite table ronde placée non loin du cercueil, est posée une médaille. *« C'était, il y a sept ans,* dit-elle, *que vous lui fîtes don de cette médaille. Elle ne quittait jamais son bureau. Mon père tirait grande fierté de cette distinction ; il s'estimait un peu des vôtres ... Il était plus grand que nous tous,* murmure le recteur. »

Les médecins et apothicaires de la ville défilent. Van Bleyswijck accompagne le grand Boerhaave venu de Leyde. Tous se souviennent aujourd'hui des discussions enrichissantes qu'ils engageaient avec Antoni dont ils appréciaient le bon sens, la rigueur, les connaissances et l'amicale compréhension qu'il témoignait toujours envers ses interlocuteurs. Certes, il était parfois rude et intransigeant. Il n'avait jamais rien révélé de ce qu'il estimait devoir garder jalousement pour lui seul quand il s'agissait des lentilles qu'il confectionnait. Il n'avait jamais accepté d'élèves, qui l'auraient réduit à l'esclavage, affirmait-il. C'étaient ses seuls défauts. Il livrait tout de ses découvertes et de ses doutes, sans omettre de solliciter les critiques les moins indulgentes.

Le pasteur est entré, accompagné de seize porteurs. Maria a exigé un cérémonial qui soit digne du renom de son père. Les assistants, les derniers visiteurs quittent le vestibule et attendent devant la « Tête d'Or ». Maria, restée seule en compagnie du docteur Hoogvliet, regarde son père pour la dernière fois. Après que le prédicant eut lu quelques versets de la Bible, deux hommes ont saisi le couvercle du cercueil et le posent avant de le fixer, et de le recouvrir d'un drap noir. Maria éteint les chandelles, ouvre les tentures. Une faible odeur de suif se répand dans la pièce. Le trajet n'est pas long pour gagner la vieille église, à peine deux cents pas. Le cortège suit le cercueil porté sur un brancard et, après avoir longé le canal, atteint la Heilige Geest Kerkhof, avant de rejoindre le sanctuaire dominé par sa tour pointant ses quatre clochetons autour de la grande flèche centrale. Le troisième glas sonne. Les notes plaintives coulent, s'espacent, s'atténuent... Un merle siffle dans les frondaisons voisines aux reflets d'émeraude. Son chant adoucit la mélancolie des derniers tintements funèbres, accompagne Antoni au seuil du temple où il rejoint les siens pour l'éternité.

L'église est nue. Les tableaux, les statues ont disparu avec la fureur iconoclaste de la Réforme. Les murs sont chaulés ; une chaire, un lutrin, des bancs... Les riches tombeaux des amiraux Hein et Tromp, morts au combat, tempèrent l'austérité de l'édifice. Dans la nef inondée de soleil, le cercueil repose sur la haute voûte de bois, au centre du dallage bordé de blanches colonnes de pierre, parsemé de sépultures où les épitaphes s'estompent sous les pas des fidèles.
En chaire, le pasteur implore Dieu de se montrer clément en accueillant Antoni dans son royaume, de lui réserver sa mansuétude. Antoni n'a jamais manqué de respecter le Seigneur et de louer ses bienfaits, lui accordant la grâce de découvrir les merveilles de sa création. C'est au côté nord de l'église, au pied de la tour, que la tombe a été creusée. Le pasteur donne sa dernière bénédiction. Le lourd cercueil est descendu dans la fosse. Il glisse le long des cordes et repose sur le sol profond aux côtés de Cornelia.
Maria est désormais seule avec ses souvenirs. Elle devait donner de touchants témoignages de l'attachement qu'elle avait porté à son père. Au mois d'octobre 1723, elle a terminé l'inventaire des objets d'Antoni conservés dans sa pièce de travail où chaque jour elle vient se recueillir. Elle contemple le précieux parchemin de Londres, prend parfois, dans la paume de sa main, la médaille d'argent offerte par l'université de Louvain. Elle lit toujours avec tendresse l'inscription *In tenui labor, at tenuis non gloria* portée au revers du portrait de son père, au-dessous du relief où se dessinent une ruche entourée d'abeilles et un rosier encadrant l'horizon de Delft, l'hôtel de ville et ses églises. Elle avait ri autrefois quand elle avait su que les doctes donateurs de Louvain se réunissaient dans un collège au curieux nom de « Sanglier ».
Aujourd'hui, sa tâche est précise. Son père a choisi vingt-six microscopes en argent de sa collection afin qu'ils soient légués, après sa mort, à la Royal Society. Ils sont là, dans un cabinet à tiroirs garnis d'échantillons soigneusement rangés, choisis par le défunt à l'intention de ses confrères londoniens.
Elle reçoit, ce matin, la visite du docteur Hoogvliet qui s'est offert de rédiger une lettre sous sa dictée, accompagnant l'envoi des microscopes à ces messieurs de Londres. *« Entrez* dit-elle à l'ami fidèle qui vient d'arriver, *allons dans le bureau d'Antoni,*

nous y serons à l'aise. » Hoogvliet s'est assis aux côtés de Maria devant la grande table où Antoni avait passé tant d'années à scruter derrière ses précieuses lentilles. Un long silence et tous deux se remémorent l'image du disparu. *« Allons, monsieur Hoogvliet, êtes-vous prêt ?* soupire-t-elle. *Certes, Maria, je vous écoute. Excellences,* commence-t-elle en ajoutant timidement, *est-ce bien ainsi ? Mais oui, Maria, poursuivez ...*
- Aussitôt après la disparition de mon bien aimé père Antoni van Leeuwenhoek, j'ai eu le souci de vous en informer par les soins de notre révéré et savant pasteur Peterus Griebius. Ajoutant aussi que, dans un délai de six semaines, parviendrait à la très noble et très célèbre Société royale de Londres, un petit cabinet garni de microscopes en argent confectionnés par mon très cher père en personne. Il est envoyé aujourd'hui à Vos Excellences tel que mon défunt père l'avait préparé ...
La plume continue de courir sur le papier. *« Terminons ainsi,* dit Maria, *je serai rassurée sur le sort de ces précieux objets. »* Elle dicte : *« Votre très humble servante prie Vos Excellences d'avoir la bonté de me dire si ce modeste don est parvenu sauf entre les mains de votre prestigieux collège afin d'être heureuse d'avoir satisfait au vœu de mon père. »* Après que Hoogvliet eut daté la lettre du 4 octobre 1723 et choisi les formules élogieuses pour clore la missive, il la tend à Maria. D'une main tremblante, elle signe : Maria van Leeuwenhoek, fille d'Antoni.
Elle répond ainsi au désir des membres de l'éminente société qui, depuis longtemps, avaient mandé l'un des leurs, Thomas Molyneux, auprès d'Antoni pour qu'il leur offre un appareil de sa fabrication. Elle se souvient du refus le plus formel qu'avait opposé son père et de la même hostilité dont il avait témoigné lors d'une visite que lui avaient faite les frères Uffenbach. Ils n'avaient pas été tendres avec son père dans la rancune de leur échec.
Les microscopes sont parvenus à Newton, le 7 novembre 1723. L'année suivante, en témoignage de remerciements, Maria recevait une coupe en argent frappée aux armes de la Société.
Un jour, Maria reçut la visite de Reinier Boitet. Cet homme rédigeait un ouvrage sur la ville de Delft et il enquêtait sur ses illustres citoyens. Elle ne lui a rien caché des origines et de la jeunesse de son père, de ses difficultés et de sa réussite. Sur la célébrité d'Antoni, elle est intarissable : *« Monsieur Boitet, mon*

père était à ce point assailli tous les jours de solliciteurs qu'il devait les chasser rudement s'ils n'étaient pas en possession d'une lettre de recommandation. Oui, monsieur Boitet, des ducs, des comtes et des barons l'ont supplié d'obtenir la faveur de regarder dans ses microscopes.
Il gardait en permanence, dans un portoir, une série d'instruments où étaient fixés divers échantillons. Il avait classé quantité de tubes de verre, scellés, où se trouvaient enfermés des insectes, des larves... Il s'amusait de l'émerveillement de ses visiteurs. Il avait toujours sous la main quelque petite anguille vivante pour faire observer la circulation du sang. Il était très fier de ses visionneuses... Son comptoir - ainsi appelait-il son cabinet de travail – recelait des infusions de plantes, de poivre, de clous de girofle, de noix de muscade... Mon père montrait aussi les battements des poils aux branchies des moules. Il coupait au rasoir de minces tranches de sureau... Il faisait observer l'œil des mouches... Au cours de ses démonstrations, mon père disait qu'il retrouvait l'heureux temps de ses premières découvertes... Vous conter, monsieur Boitet, toutes les visites de personnages célèbres serait gageure de ma part, mais me revient surtout en mémoire l'arrivée à Delft, de Pierre le Grand, tsar de toutes les Russies. »
« C'était en 1697 ou 1698, le souverain a fait venir mon père à bord de son vaisseau ancré dans le port. Pierre le Grand n'aimait pas la foule, paraît-il... Et puis, il était juste que ce fût mon père qui lui rendît visite. J'étais à ses côtés quand il accueillit Antoni. Le tsar était un homme rude et brutal dans ses gestes. À peine mon père avait-il sorti un tube où frétillait une anguille que Pierre le Grand le lui arracha des mains en s'exclamant : « J'exige de voir tout de suite ! » »
« La reine Mary d'Angleterre fut moins heureuse. Mon père était absent quand elle vint à Delft pour le rencontrer. Il fut fort affligé de sa déconvenue et lui a dédicacé un de ses ouvrages pour recueillir son pardon. J'ignore si mon père fit cadeau de microscopes à ses illustres visiteurs, mais je crois pouvoir affirmer qu'il en offrit un à son vieil ami, Constantijn Huygens. Mon père avait grande estime et respect pour cet homme d'État et poète qui lui avait témoigné beaucoup d'aide et de compréhension alors qu'il commençait ses recherches. Christiaan Huygens, son fils, en dépit de son attitude critique

sur le tard de sa vie avait, lui aussi, beaucoup épaulé mon père dans ses entreprises... »
« Je me souviens aussi que le frère de Christiaan, un Constantijn comme son père, lui avait écrit - c'était, je crois, vers 1680. Tout le monde court encore chez Leeuwenhoek comme le grand homme du siècle... Et d'autres sont venus, David Gregory, Hans Sloane, beaucoup d'autres dont j'ai oublié le nom. Ces messieurs se faisaient toujours accompagner d'un interprète, mon père ne connaissant que son dialecte natal. Je ne pourrais vous citer tous les correspondants auxquels il adressait souvent un double des lettres qu'il envoyait à Londres de crainte qu'elles ne se perdent.
Mon père était accueilli dans la société des médecins et des chirurgiens. Ils le considéraient comme un des leurs. Connaissez-vous, monsieur Boitet, le tableau de Cornelis de Man exécuté en 1681 ? Mon père est aux côtés de Cornelis Gravesande et d'Hendrick d'Acquêt, tous deux ses amis, alors que l'anatomiste procède à une démonstration devant une nombreuse assistance. Cependant, mon père n'était pas toujours en harmonie avec les savants de son temps. Je me souviens qu'un soir, dans une discussion amicale, il avait appris qu'un Italien du nom de Vallisneri critiquait sévèrement ses vues sur les animalcules de la semence. Mon père s'était écrié : « Nous avons un proverbe qui dit : Une bécasse ne fait pas l'hiver. Et bien, mes amis, s'il existe un Vallisneri contre moi, cent autres sont avec moi ! » » Ces souvenirs meublaient la solitude de Maria.
Quinze années passèrent. En 1739, Maria fit élever un cénotaphe à la mémoire de son père. Le dessin en fut exécuté par Taco Jelgersma et la taille par Gerrit van der Giesen. Le monument fut dressé tout près de la sépulture première contre le mur de la tour. Maria obtint que le corps de son père soit déplacé au pied du cénotaphe. Celui-ci existe toujours. Sur la pierre tombale qu'il surplombe, on lit : *« Ici, repose Antoni van Leeuwenhoek, membre le plus âgé de la Société royale de Londres, né à Delft, le 24 octobre 1632, décédé le 26 août 1723, à l'âge de 90 ans, 10 mois et 2 jours. »*
Au-dessous, apparaît un poème de celui qui fut son voisin et ami, Hubert Poot (1689-1733).

« Oh ! Promeneur, d'où que tu viennes,

Aie du respect pour le grand âge
Et le merveilleux talent,
Sois à cet endroit attentif à tes pas,
Ici, repose Leeuwenhoek, l'homme de science
Aux cheveux blancs ».
(Delavault, 1989).

Maria avait encore six ans à vivre. Elle mourut le 25 avril 1745, à l'âge de quatre-vingt-neuf ans. Suivant son désir, elle fut inhumée aux côtés de ce père qu'elle avait tant aimé. Deux ans après sa mort, en 1747, le 29 mai, au St Lucas Guildhall de Delft, la plupart des quatre cents appareils et lentilles qu'avait confectionnés Antoni van Leeuwenhoek furent mis en vente aux enchères publiques. Trois microscopes étaient en or. Ils furent acquis au poids du métal (Delavault, 1989).

Table des matières

Santé et Médecine

aux éditions L'Harmattan

Dernières parutions

RÔLE (LE) DES SOINS PALLIATIFS – Nouvelle édition
Geschwind Herbert
A la préoccupation de traiter la maladie, la médecine se soucie aujourd'hui d'apporter des soins aux mourants, à partir d'unités spécialisées en Soins Palliatifs. L'intérêt scientifique pour les moyens de guérir s'est déplacé vers la recherche des voies les moins traumatisantes du mourir. Parmi elle, l'euthanasie et l'assistance au suicide se sont révélées les plus sujettes à réflexions et débats. Ainsi se posent les questions de la «méthodologie» du mourir et celle de l'organisme ou de la personne chargée d'exécuter cette décision.
(Coll. Questions contemporaines, 26.00 euros, 262 p.)
ISBN : 978-2-343-00170-8, ISBN EBOOK : 978-2-296-53107-9

RISQUE (LE) BIOLOGIQUE – Une approche transdisciplinaire
Panoff Jean-Michel - Préface de Jean-Louis Le Moigne
Faut-il être biologiste ou biotechnologue pour avoir le privilège d'étudier le risque biologique ? Juristes, sociologues, théologiens, paysans, historiens, psychologues nous avertissent : la biologie, avant tout science des «yeux», glisse insidieusement vers une science des «mains», de l'étude de la vie vers la manipulation du vivant. Voici une construction d'une pensée complexe autour de la question du risque biologique, question qui nécessite urgemment d'être collectivement posée.
(Coll. Sociologies et Environnement, 38.50 euros, 388 p.)
ISBN : 978-2-296-99846-9, ISBN EBOOK : 978-2-296-53233-5

GYNÉCOLOGIE (LA) OBSTÉTRIQUE POUR LE GRAND PUBLIC
100 questions de femme
Badji Cheick Atab - Préface de Awa Niang Fall
Cet ouvrage apporte cent réponses à cent questions que les femmes se posent le plus souvent et qu'elles aimeraient poser à leur gynécologue sans en avoir toujours l'occasion ou le courage. Également destiné aux hommes, il leur permet de ne plus être exclus de l'intimité des femmes et de jouer pleinement leur partition dans cette grande aventure qu'est le couple...
(Coll. Harmattan Sénégal, 17.00 euros, 178 p.)
ISBN : 978-2-296-54900-5, ISBN EBOOK : 978-2-296-53228-1

GREFFES (LES) D'ORGANES : UNE NOUVELLE FABRIQUE DU CORPS
Kreis Henri - Préface du Pr Jean-Michel Dubernard
L'histoire de la fabrique du corps n'a été entreprise que dans le but de guérir ce qui ne pouvait l'être par la médecine alors disponible. L'idée était simple mais n'a

pu s'accomplir, jusqu'à ce jour, que par une transgression des mécanismes vitaux de l'être humain et qu'en ravivant ses angoisses eschatologiques. Sa réalisation a mis en question l'altruisme, le rôle du politique et de l'administration, les luttes de pouvoir, la collusion avec l'industrie pharmaceutique, l'éthique médicale...
(Coll. L'Éthique en mouvement, 25.50 euros, 260 p.)
ISBN : 978-2-343-00027-5, ISBN EBOOK : 978-2-296-53102-4

IMAGERIE (L') MÉDICALE
La fabrique d'un nouveau malade imaginaire
Briois Vilmont Laurence
La découverte des rayons X par le physicien Roentgen (1895) génère un bouleversement dans le monde médical : sans effraction cutanée, les intérieurs du corps humain vivant sont rendus visibles. Les techniques d'exploration prennent un essor considérable, devenant un outil diagnostique indispensable mais d'un usage dont la banalisation risque d'en négliger la réflexion. Le corps devenu mathématisable à la culture numérique appliquée aux images ne doit pas nous faire oublier la dimension humaine.
(Coll. Sciences et Société, 17.00 euros, 172 p.)
ISBN : 978-2-336-29284-7, ISBN EBOOK : 978-2-296-53222-9

À TOI QUI VA NAÎTRE
Ladjointe Xavier
Ils vivent ensemble et filent le parfait amour. Elle tombe enceinte. Il est tellement heureux qu'il commence à filmer leur vie pour leur futur enfant. Et puis il tombe sur ce concours de films. C'est alors qu'une autre grossesse inattendue d'un tout autre genre se déclare... Une grossesse cinématographique filmée ! Ce film est le premier docu-ciné prénatal de l'histoire du cinéma !
(20.00 euros)
ISBN : 978-2-336-00807-3

CURRICULUM MORTIS
Monier Lionel
Le temps d'un soin dit « de conservation ». Nous suivons les gestes d'un thanatopracteur au cours de son travail. À chaque étape, une question. Autant de chapitres au cours desquels nous partons à la rencontre d'interlocuteurs qui tentent d'y répondre. Un voyage au pays de la mort, afin de cerner la place que notre société accorde à ses morts, mesurer l'évolution des rapports que les vivants entretiennent avec eux, éclairer les liens fondamentaux qui unissent le vivre au mourir.
(20.00 euros)
ISBN : 978-2-336-00781-6

QUESTION (LA) DE L'EUTHANASIE
La loi Léonetti et ses perspectives
Hacpille Lucie - Préface de Jacques Ricot
L'émergence de la question de l'euthanasie est née dans le contexte de la bioéthique et des droits des patients. Dans cet ouvrage l'auteur choisit une approche herméneutique à partir des témoignages de personnes faisant l'expérience de

situations existentielles extrêmes que sont la maladie grave, les handicaps lourds, mais aussi les expériences d'otages ou de rescapés des camps de concentration.
(21.00 euros, 214 p.)
ISBN : 978-2-336-29082-9, ISBN EBOOK : 978-2-296-51545-1

ASSISTANCE (L') MÉDICALISÉE POUR MOURIR
Les soignants face à l'humanisation de la mort
Nkulu Kabamba Olivier
Depuis quelques années, les médecins sont confrontés à une demande croissante des patients en fin de vie réclamant que leur mort soit hâtée. Chaque sollicitation de l'aide médicale pour mourir place les soignants devant la problématique de l'humanisation de la mort qui, elle, engage de leur part la question fondamentale du «comment faire pour bien faire ?».
(Coll. Sciences et Société, 28.00 euros, 278 p.)
ISBN : 978-2-343-00065-7, ISBN EBOOK : 978-2-296-52986-1

UNE ÉTHIQUE POUR LE MALADE
Pour dépasser les concepts d'autonomie et de vulnérabilité
Benezech Jean-Pierre
L'éthique traditionnelle se fonde sur l'»autonomie» du sujet. Notre époque, elle, plébiscite la dimension de «vulnérabilité». Les soignants articulent souvent leur discours éthique sur ces thèmes. Mais pour une personne malade, ces deux concepts ne peuvent convenir pour construire une vie qui fait sens. Aussi, l'auteur propose le concept de la «personne étayée». Cette éthique originale constitue un nouveau paradigme, à rebours des valeurs antérieures, pour que chacun tente de tracer une vie « la moins mauvaise possible».
(Coll. Sciences et Société, 17.50 euros, 182 p.)
ISBN : 978-2-336-00857-8, ISBN EBOOK : 978-2-296-51645-8

LAZZARO SPALLANZANI (1729-1799)
Le père de la biologie médicale expérimentale
Lamendin Henri - Préface de Jean-Guy Ferrand. Préface du Docteur Robert Sire
Henri Lamendin retrace le parcours de Lazzaro Spallanzani, peu connu de la médecine contemporaine, pourtant considéré comme l'un des pères de la biologie expérimentale. En effet, il fut l'un des premiers à avoir démontré ses dires après les avoir éprouvés dans une série d'expériences. Voici dressé un portrait juste et équitable d'un chercheur hors normes, qui a légué à la médecine une oeuvre dont la valeur n'a d'égale que la rigueur.
(Coll. Médecine à travers les siècles, 14.00 euros, 140 p.)
ISBN : 978-2-343-00129-6, ISBN EBOOK : 978-2-296-51591-8

ECLAIR CARMIN
Batteault Rémy
«J'ai connu Isabelle à la maternelle. Atteinte d'une maladie rare, elle devient peu à peu aveugle. En effet, un stress trop grand ou un effort physique trop intense provoque une hémorragie oculaire, qui se traduit visuellement par un éclair carmin qui brouille sa vision. À chaque nouvelle attaque, sa vue baisse de manière

irrémédiable. (...) Comment vivre la «malvoyance» lorsqu'on a 36 ans, comment le parcours de vie est-il modifié ? Quel est le regard du monde extérieur ?» (Rémy Batteault).
(20.00 euros)
ISBN : 978-2-336-00776-2

HANDICAP ET CITOYENNETÉ
Quand le handicap interroge le politique
Bruchon Yves
«Et si le handicap nous aidait à réinventer le lien social ?» La question du handicap est celle de la démocratie ; la question du handicap est, centralement, politique comme en témoigne le fonctionnement de la dialectique droits de l'homme – droits du citoyen dans la problématique du handicap. Sans faire une histoire du handicap et sans prétendre donner des indications pour une politique du handicap, cet ouvrage donne quelques outils pour comprendre.
(18.00 euros, 172 p.)
ISBN : 978-2-296-99831-5, ISBN EBOOK : 978-2-296-51533-8

RECHERCHE (LA) SUR LES CELLULES SOUCHES
Quels enjeux pour l'Europe ?
Altavilla Annagrazia - Préface de Jean-François Mattei ; postface de Adriana Ceci
Les enjeux liés à l'utilisation des cellules souches sur un plan scientifique, éthique, juridique, économique et de société sont nombreux. Ce livre présente l'état le plus actuel des connaissances et des débats éthiques à ce sujet et nous livre l'étendue des évolutions scientifiques et des changements juridiques déterminés par les espoirs placés dans la médecine régénératrice.
(Coll. Ethique et pratique médicale, 57.00 euros, 682 p.)
ISBN : 978-2-336-29022-5, ISBN EBOOK : 978-2-296-51469-0

CLOU (LE) DE GIROFLE EN MÉDECINE BUCCO-DENTAIRE
Gros Gilles - Préface du Docteur Xavier Riaud
Partant du clou de girofle et de ses dérivés, Gilles Gros nous propose un parcours original au sein de l'histoire de l'art dentaire. Par ses réflexions philosophiques, il parvient avec brio à montrer comment les chirurgiens-dentistes se sont de plus en plus éloignés de la magie, de l'empirisme et de la contingence pour s'ancrer définitivement, au XXe siècle, dans l'univers de la rationalité.
(Coll. Médecine à travers les siècles, 13.00 euros, 116 p.)
ISBN : 978-2-343-00068-8, ISBN EBOOK : 978-2-296-51499-7

L'HARMATTAN ITALIA
Via Degli Artisti 15; 10124 Torino

L'HARMATTAN HONGRIE
Könyvesbolt ; Kossuth L. u. 14-16
1053 Budapest

L'HARMATTAN KINSHASA
185, avenue Nyangwe
Commune de Lingwala
Kinshasa, R.D. Congo
(00243) 998697603 ou (00243) 999229662

L'HARMATTAN CONGO
67, av. E. P. Lumumba
Bât. – Congo Pharmacie (Bib. Nat.)
BP2874 Brazzaville
harmattan.congo@yahoo.fr

L'HARMATTAN GUINÉE
Almamya Rue KA 028, en face du restaurant Le Cèdre
OKB agency BP 3470 Conakry
(00224) 60 20 85 08
harmattanguinee@yahoo.fr

L'HARMATTAN CAMEROUN
BP 11486
Face à la SNI, immeuble Don Bosco
Yaoundé
(00237) 99 76 61 66
harmattancam@yahoo.fr

L'HARMATTAN CÔTE D'IVOIRE
Résidence Karl / cité des arts
Abidjan-Cocody 03 BP 1588 Abidjan 03
(00225) 05 77 87 31
etien_nda@yahoo.fr

L'HARMATTAN MAURITANIE
Espace El Kettab du livre francophone
N° 472 avenue du Palais des Congrès
BP 316 Nouakchott
(00222) 63 25 980

L'HARMATTAN SÉNÉGAL
« Villa Rose », rue de Diourbel X G, Point E
BP 45034 Dakar FANN
(00221) 33 825 98 58 / 77 242 25 08
senharmattan@gmail.com

L'HARMATTAN TOGO
1771, Bd du 13 janvier
BP 414 Lomé
Tél : 00 228 2201792
gerry@taama.net

647810 - Avril 2016
Achevé d'imprimer par

1livre.com
du rêve à la réalité !

www.ingramcontent.com/pod-product-compliance
Lightning Source LLC
LaVergne TN
LVHW021230061026
849535LV00008B/2995